注塑模具设计
实例详解

何 文 朱淑君 编著

辽宁科学技术出版社

沈 阳

前　言

　　模具工业是国民经济的基础工业，目前，电子、汽车、电机、电器、仪器、仪表、家电、通讯和军工等产品中，60%~80%的零部件都要依靠模具成型。模具是塑料成型加工的一种重要的工艺装备。

　　根据注射塑料成型的模具结构的分类，本书内容分3章，第1章介绍常用二板模的结构设计及实例详解；第2章介绍常用三板模的结构设计及实例详解；第3章介绍特殊模具的结构设计及实例详解。本书系统介绍了二板模、三板模和特殊模的结构特点及应用，并分别列举实例，根据实例详细地讲解模具设计过程，帮助读者提高模具设计水平。书中附有很多实用性强的模具设计经验数据和资料。书中图例丰富，尤其是配有立体图，使模具结构更加形象具体，简明易懂，贴近实际。

　　本书内容是根据实际工作中模具设计的步骤依次展开的，为的是让读者学完后能够更快地适应模具工厂的设计工作。本书的特点是共列举了24例产品，并针对每个实例做了比较详细的设计分析，使读者可以更加深刻地认识和掌握注塑模具设计的全部操作过程。

　　本书可供从事注塑成型及模具设计工作的中、高级工程技术人员参考，也适合于大、中专院校模具专业的学生学习参考。由于编者水平有限，书中难免有不当和错误之处，恳请广大读者批评指正。

编　者

2009 年 5 月

目　录

第1章　常用二板模的结构设计及实例详解

1.1　注塑模具设计概述

1.1.1　注射成型基本过程

注射成型是现在成型热塑性塑件的主要方法。所使用的成型设备称为注射机。典型的射出成型机如图 1-1 所示，主要包括了射出系统 (Injection system)、模具系统 (Mold system)、油压系统 (Hydraulic system)、控制系统 (Control system) 和锁模系统 (Clamping system) 共 5 个单元。

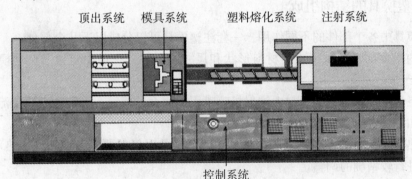

图 1-1　应用于热塑性塑料的单螺杆射出成型机

注射成型是把塑料原料（一般为经过造粒、染色、加入添加剂等处理后的颗粒料）放入料筒中，经过加热熔化，使之成为高黏度的流体——熔体，用柱塞或螺杆作为加压工具，使熔体通过喷嘴以较高的压力注入模具的型腔中，经过冷却、凝固阶段，而后从模具中脱出，成为塑料制品。

注射成型的全过程如下。

（1）塑化过程。现代的注射机基本上是采用螺杆式的塑化设备。塑料原料（称为物料）自送料斗以定容方式送入料筒。通过料筒外的电加热和料筒内螺杆旋转的摩擦热使物料熔化，达到一定的温度后即开始注射。注射动作是由螺杆的推进完成的。

（2）充模过程。熔体自注射机的喷嘴喷出后，进入模具的型腔，使型腔内的空气排出，并充满型腔，然后将其升到一定的压力，使熔体的密度增加，充实到型腔的各部位。

充模过程是注射成型中最主要的过程。由于塑料熔体的流动是非牛顿流动，而且黏度很大，所以在充模过程中的压力损耗、黏度变化、多股汇流等现象影响着塑件的质量，因此，充模过程的关键问题——浇注系统的设计就成为注塑模具设计过程中的重点。现代的模具设计方法已经运用了计算机辅助设计（CAD）以解决浇注系统中的疑难问题。

（3）冷却凝固过程。热塑性塑料的注射成型过程是热交换过程。即：

$$塑化 \rightarrow 注射充模 \rightarrow 固化成型$$
$$加热 \rightarrow （理论上绝热） \rightarrow 散热$$

热交换效果的优劣决定塑件的质量——外表质量和内在质量。因此，模具设计时对热交换也要作充分考虑。现代的设计方法中也采用了计算机控制温度以解决冷却凝固过程中的疑难问题。

（4）脱模过程。塑件在型腔内固化后，必须用机械的方式把它从型腔中取出。这个动作要由模具结构中的脱模机构来完成。不合理的脱模机构对塑件的质量有很大的影响，因塑件的几何形状千变万化，必须采用最有效的和最适当的脱模方式，因此，脱模机构的设计也是注塑模具设计中的一个主要环节。由于标准化的推广，许多标准化了的脱模机构零部件都有商品供应。

由（1）到（4）形成了一个循环。每一次循环，就完成了一次成型——一个乃至数十个塑件。

1.1.2 注塑模具的结构组成

根据模具中各个部件的不同作用，一套注塑模具可以分成以下几个部分。

（1）内模零部件：赋于成型材料形状和尺寸的零件，一般由定模芯、动模芯、镶件（镶针等）组成。

（2）浇注系统：将熔融塑料由注射机喷嘴引向闭合的模腔，一般由灌口主流道、分流道、浇口和冷料穴组成。

（3）热交换系统：为了满足注射成型工艺对模具温度的要求（冷却或加热），需要对模具温度进行较精确的调整。

（4）抽芯机构：当侧向有凹凸及孔时，在塑件被顶出之前，必须抽拔侧向的型芯（或镶件），才能使塑件顺利脱模。

（5）顶出系统：实现塑件脱模的机构，其结构形式很多，最常用的是顶针、司筒针和推板等。

（6）导向定位部件：是保证动模与定模闭合时能准确对准、脱件时运动灵活的部件。注射承受侧向力的部件，常由导柱和导套及定位器、锥面、斜面等组成。

（7）排气系统：将型腔内空气导出的排气槽及间隙。

（8）结构件：如模架板、支承柱、限位件等。

1.1.3 注塑模具设计的基本程序

模具设计的主要依据，就是客户或研发中心提供的 2D 或 3D 图样及其技术要求。模具设计人员必须对制品图及实样进行详细的分析和消化，同时在进行模具设计时，必须遵循以下两个原则。

1.1.3.1 设计注塑模具应考虑的问题

（1）分析塑件结构及其技术要求，要注意塑件的尺寸精度、表面粗糙度的要求及塑件的结构形式，对不合理的结构要提出改进塑件设计的建议。

（2）了解注射机的技术规格。包括锁模力、最大容量、开模距离、顶杆（棍）孔大小位置和数量、码模方式、定位圈尺寸及其他设备参数。

（3）了解塑件材料的加工性能和工艺性能，包括塑件能达到的最大流动距离比；塑料在模具内可能的结晶、取向及导致的内应力；塑料的冷却收缩和补缩；塑料对模具温度的要求等。

（4）了解客户特殊技术要求，若与标准相异要与客户协商解决。

（5）考虑模具的结构和制造，包括选择分型面和型腔的布置及进料点；模具的强度、刚度和模腔尺寸精度；滑块机构和顶出系统；模具零件的制造方法及制造的科学性、可行性及经济性；装拆的工艺性；必要的辅助工具的设计等。

（6）考虑模具材料的选择，包括材料的机械加工工艺性能及热处理要求，材料坯料的大小等。

（7）考虑模具的成型效率，合理地设置冷却系统。

1.1.3.2　注塑模具设计的一般流程

（1）流程图。注塑模具设计的流程图如图 1-2 所示。

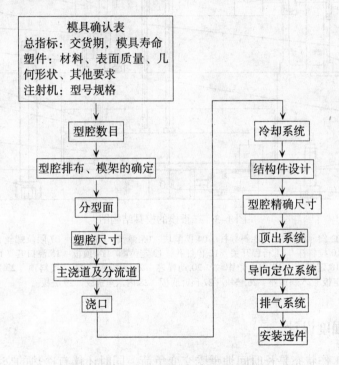

图 1-2　注塑模具设计流程图

（2）对流程图的补充说明。图 1-2 所示的流程图只说明了在注塑模具设计过程中考虑问题的先后顺序，而在实际的设计过程中可能并不是按此顺序进行设计的，而且在设计中经常要再返回上一步或者上几步对已经设计的步骤进行修正，直到最终确定设计。

1.2　二板模的结构设计

注塑模具的结构是由塑件的复杂程度和注射机的形式等因素决定的。凡是注塑模均可分为动模和定模两大部分，注射时动模与定模闭合构成型腔和浇注系统，开模时动模与定模分离，取出塑件。定模安装在注射机的固定模板上，而动模则安装在注射机的移动模板上，图 1-3 为一典型的二板模的模具结构图。

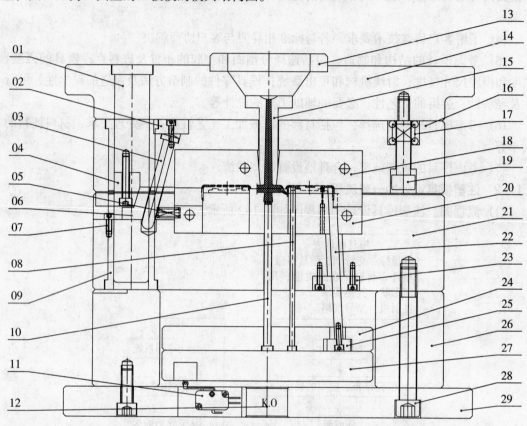

图 1-3　二板模的模具结构图

01.导柱　02.斜导柱压块　03.斜导柱　04.楔紧块　05.弹簧　06.滑块　07.限位螺丝　08.顶针
09.导套　10.拉料杆　11.行程开关　12.顶杆孔　13.定位圈　14.顶板　15.浇口套　16.定模板
17.弹簧　18.定模芯　19.内六角螺纹　20.动模芯　21.动模板　22.动模斜导　23.斜顶导板
24.顶针固定板　25.斜顶座　26.垫块　27.顶针底板　28.内六角螺纹　29.底板

1.2.1　模具的强度设计

注塑模具的工作状态是长时间地承受交变负荷，同时还伴有冷热的交替。现代的注塑模具使用寿命至少几十万次，多至几百万次，因此，模具必须具有足够的强度和刚度。工作状态下模具所发生的弹性变形对塑件的质量有很大的影响，尤其是对于尺寸精度高和大尺寸的塑件，模具的刚度更加重要。

1.2.1.1　凹模型腔的强度和刚度

由于注射压力的作用，凹模型腔有向外胀出的变形产生。当变形量大于塑件在壁厚方向的成型收缩量时，会造成脱模困难，严重时还不能开模。

另外，由于成型过程中各种工艺因素的影响，型腔内的实际受力情况有时非常复杂，不可能以一种简单的模式完全解释，因此，在强度计算上采取比较宽容的做法，原则是：

宁可有余而不可不足，这样安全系数较大。

通过理论分析和实践证明，模具对强度和刚度的要求并非要同时兼顾。对大尺寸和尺寸精度要求高的塑件，刚度不足是主要问题，应按刚度条件计算；对于小尺寸的塑件，强度不足是主要问题，应按强度条件计算。强度计算的条件是满足各种受力状态下的许用应力。刚度计算的条件则由于模具的特殊性，可以从以下几个方面加以考虑。

（1）要防止溢料。模具型腔的有些配合面当高压塑料熔体注入时，会产生足以溢料的间隙。为了使型腔不致因模具弹性变形而发生溢料，此时应根据不同塑料的最大不溢料间隙来确定其刚度条件。如尼龙、聚乙烯、聚丙烯等低黏度塑料，其允许间隙为 0.025~0.04mm；对聚苯乙烯、ABS 等中等黏度塑料，其允许间隙为 0.05mm；对聚碳酸酯、硬聚氯乙烯等高黏度塑料，其允许间隙为 0.06~0.08mm。

（2）应保证塑件精度。塑件均有尺寸要求，尤其是精度要求高的小型塑件，这就要求模具型腔具有良好的刚性，即塑料注入时不产生过大的弹性变形。最大弹性变形值可取塑件允许公差的 1/5，常见中小型塑件公差为 0.13~0.25mm（非自由尺寸），因此，允许弹性变形量为 0.025~0.05mm，可按塑件大小和精度等级选取。

（3）要有利于脱模。当变形量大于塑件冷却收缩值时，塑件的周边将被型腔紧紧包住而难以脱模，强制顶出则易使塑件划伤或损坏，因此，型腔允许弹性变形量应小于塑件的收缩值。但是，一般来说，塑料的收缩率较大，故多数情况下，当满足上述两项要求时已能满足本项要求。

上述要求在设计模具时，其刚度条件应以这些项中最苛刻者（允许最小的变形值）为设计标准，但也不宜无根据地过分提高标准，以免浪费材料，增加制造困难。

1.2.1.2　凹模型腔壁厚的计算

（1）中小型模具的型腔强度。中小型模具是指模板的长度和宽度在 500mm 以下的模具（这仅是从模具的力学角度来划分，而不是以塑件质量来划分的）。这类模具的强度，只要模板的有效面积不大于其长度和宽度的 60%，深度不超过其长度的 10%，可以不必通过计算。

例如：标准模架的模板为 500mm×500mm，可以做成 300mm×300mm×50mm 的凹模。

（2）大型模具的型腔强度。模板的长度或宽度在 630mm 以上时，必须通过计算，常用圆形和矩形凹模侧壁和底部的厚度计算公式见下文。公式中使用的符号意义和单位如下：

P_M —— 模腔压力，MPa；

E —— 材料的弹性模量，MPa；

σ_P —— 材料的许用应力，MPa；

μ —— 材料的泊松比；

Y —— 成型零部件的许用变形量，mm；

r —— 凹模型腔内孔或凸模、型芯外圆的半径，mm；

R —— 凹模的外部轮廓半径，mm；

l —— 凹模型腔内孔（矩形）长边尺寸，mm；

L —— 凸模、型芯的长度或模具支承块（垫块）的间距，mm；

h —— 凹模型腔的深度，mm；

H —— 凹模外侧的高度，mm；

c —— 凹模型腔的内孔（矩形）短边尺寸或其底面的受压宽度，mm；

B —— 凹模外侧底面的宽度，mm；

b —— 凹模型腔侧壁的计算厚度，mm；

t —— 凹模型腔底部的计算厚度，mm。

下面计算公式中的两个系数α、α'，见表1-1和表1-2。

表1-1　系数α

L/h	0.25	0.50	0.75	1.0	1.5	2.0	3.0
α	0.02	0.081	0.173	0.321	0.727	1.226	2.105

表1-2　系数α'

L/c	1.0	1.2	1.4	1.6	1.8	2.0	∞
α'	0.3078	0.3834	0.4356	0.4680	0.4872	0.4974	0.5000

① 圆形凹模。

a. 整体式，如图1-4所示。

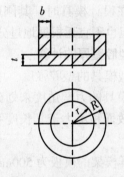

侧壁：$b = r\left(\sqrt{\dfrac{\sigma_p}{\sigma_p - 2P_M}} - 1\right)$

底部：$t = \sqrt{\dfrac{3P_M r^2}{4\sigma_p}}$

图 1-4　整体式圆形凹模

b. 镶拼组合式，如图1-5所示。

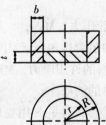

侧壁：$b = r\left(\sqrt{\dfrac{\sigma_P}{\sigma_P - 2P_M}} - 1\right)$

底部：$t = r\sqrt{\dfrac{1.22P_M}{\sigma_p}}$

图 1-5　镶拼组合式圆形凹模

② 矩形凹模。

a. 整体式，如图1-6所示。

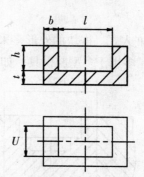

侧壁：$b = h\sqrt{\dfrac{\alpha P_{\mathrm{M}}}{\sigma_{\mathrm{P}}}}$

底部：$t = c\sqrt{\dfrac{\alpha' P_{\mathrm{M}}'}{\sigma_{\mathrm{P}}}}$

图 1-6　整体式矩形凹模

b. 镶拼组合式，如图1-7所示。

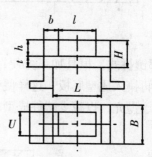

侧壁：$b = l\sqrt{\dfrac{P_{\mathrm{M}} h}{2H\sigma_{\mathrm{P}}}}$

底部：$t = l\sqrt{\dfrac{3P_{\mathrm{M}} b}{4B\sigma_{\mathrm{P}}}}$

图 1-7　镶拼组合式矩形凹模

1.2.1.3　成型零件的设计

注射成型模具中的成型零件是直接成型塑件的零件。它主要包括凹模（型腔）、凸模（型腔）和成型杆（人子）等。

（1）凹模（型腔）。凹模（型腔）是成型塑件外表面的零件，它一般安装在定模板上。凹模的结构随着塑件形状、成型需求、模具加工装配等工艺要求而变化，其结构形式上有整体式和组合式两种类型。

①整体式凹模。整体式凹模由整块材料加工而成，其优点是模具结构简单、牢固、强度高、成型塑件无拼缝线；缺点是对于形状复杂的凹模加工困难，需用电火花和数控加工，模具热处理变形大。它适用于中、小型且形状简单的模具，如图1-8所示。

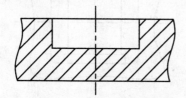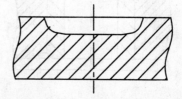

图1-8　整体式凹模

②组合式凹模。组合式凹模是指由多块材料加工而成，优点是简化了复杂型腔的加工工艺、减少了热处理变形、有利于排气、节约了贵重的模具钢，便于模具的维修，避免了整体式凹模的报废；缺点是型腔的精度、装配的牢固性会受影响，在塑件上留下镶拼的痕迹，而且模具结构复杂，它适用于形状复杂的模具。

组合式凹模根据其组合形式的不同又分为整体嵌入式、局部镶拼式和四壁拼合式，分别介绍如下。

　　a. 整体嵌入式。嵌块的外形多采用带台阶的圆柱体，加工和安装容易；便于损坏时的更换和维修；多用于多型腔模具，如图1-9所示。

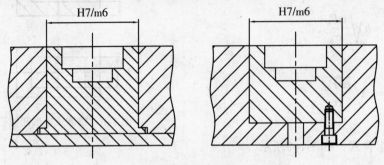

图 1-9　整体嵌入式

　　b. 局部镶拼式。模具加工方便；凹模易损坏的部分容易更换。形状复杂的凹模常做成通孔式，再镶入成型底板，这样便于模具的加工且热处理的变形小。但要注意各个结合面需要磨平、抛光，以减少塑件成型时的水平毛刺，以利于脱模，提高塑件的质量，如图1-10所示。

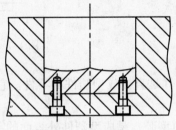

图 1-10　局部镶拼式

　　c. 四壁拼合式。侧壁之间采用扣锁连接，以保证型腔拼合的准确性，增强塑件的质量，此类结构牢固、承受力大，如图1-11所示。

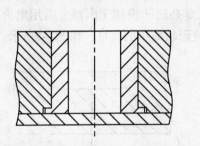
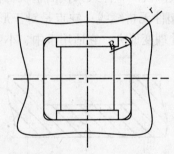

图 1-11　四壁拼合式

　　(2) 型芯和成型杆。型芯和成型杆是成型塑件的内表面。大的型芯也称为凸模，成型杆一般是指成型塑件的孔或凹槽的小型芯，它一般安装在动模板上，其结构形式也有整体式和组合式两种。

　　① 整体式型芯。整体式型芯是指整个型芯和模板为一个整体，其优点是型芯结构牢固、成型塑件的质量好；缺点是模具的加工量大、耗钢材、热处理变形大。这种结构适用

于内形比较简单的塑件，如图1-12所示。

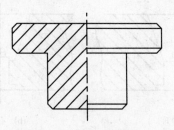

图 1-12　整体式型芯

②组合式型芯。组合式型芯是指由多块材料加工而成，优点是加工简单、容易，更换方便，减少贵重钢材的耗量，节省加工工时，避免大型塑件的热处理变形；缺点是强度较弱，易产生溢料。适用于塑件内形复杂，机加工困难的型芯，如图1-13所示。

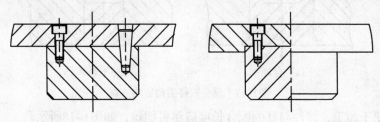

图 1-13　组合式型芯

③成型杆。成型杆通常单独加工制造，再镶入模板中，为了制造方便，常将其设计成圆形与异形两段，在固定时注意定位，如图1-14所示。

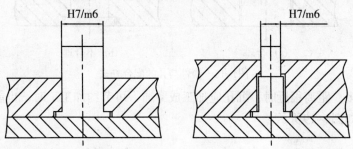

图 1-14　成型杆

（3）成型零件镶拼组合的注意事项。

①防止产生横向飞边影响脱模，如图1-15所示。

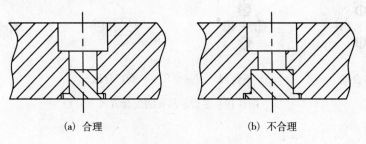

（a）合理　　　　　（b）不合理

图1-15　避免产生横向边

②防止拼镶交接处错位使痕迹残留在塑件表面，如图1-16所示。

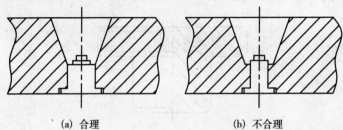

(a) 合理 (b) 不合理

图1-16 防止错位痕迹留在塑件表面

③要保证镶件的强度足够牢固，应避免嵌件有尖角影响塑件的外观，如图1-17所示。

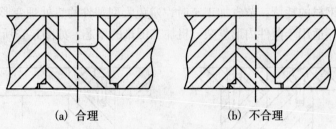

(a) 合理 (b) 不合理

图1-17 避免嵌件尖角影响外观

④为了便于加工，镶件与孔的配合长度应尽可能短，如图1-18所示。

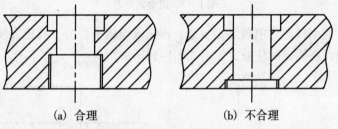

(a) 合理 (b) 不合理

图1-18 镶件与孔的配合方式

⑤型芯较多，距离很近时，沉孔应加工成穿通，可节约加工工时，也能避免各沉孔的深度不一致，如图1-19所示。

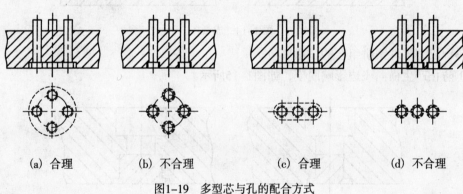

(a) 合理 (b) 不合理 (c) 合理 (d) 不合理

图1-19 多型芯与孔的配合方式

⑥镶件嵌入沉孔内时，应设计拆卸镶件的孔，如图1-20所示。

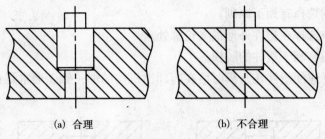

(a) 合理　　　　　　　　　(b) 不合理

图1-20　镶件与沉孔的配合方式

1.2.2　分型面的设计

分型面是指用于取出塑件和浇注系统凝料（流道料）的可分离接触表面。分型面设计在注塑模的设计中有相当重要的位置，分型面的设计对塑件的质量、模具的整体结构、工艺操作的难易程度及模具的制造等均有很大的影响。注塑模可以有一个分型面，也可以有多个分型面，分型面应尽可能简单，以便于塑件脱模和模具制造。

1.2.2.1　分型面的表示方法

在模具总装配图上常用箭头指向分型面移动的方向。当模具分开时，若分型面两面的模板都做移动，用"┴┬"表示，如图1-21（a）所示。若其中一方不动，另一方移动，用"┬"表示，如图1-21（b）所示。当注塑模存在多个分型面时，以"Ⅰ"、"Ⅱ"、"Ⅲ"等标识来表示其开模的先后顺序，如图1-21（a）所示。

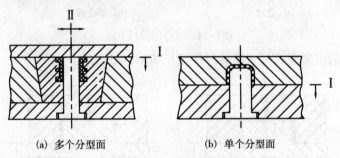

(a) 多个分型面　　　　　　　　　(b) 单个分型面

图1-21　分型面的表示方法

1.2.2.2　分型面的形式

模具分型面可垂直于合模方向，也可倾斜于合模方向或平行于合模方向。分型面的形式如图1-22所示。图1-22（a）为平面分型面，图1-22（b）为斜面分型面，图1-22（c）为阶梯面分型面，图1-22（d）为曲面分型面。

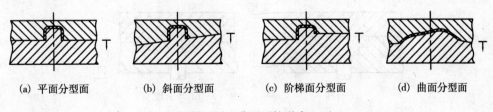

(a) 平面分型面　　　　(b) 斜面分型面　　　　(c) 阶梯面分型面　　　　(d) 曲面分型面

图1-22　分型面的形式

1.2.2.3 分型面位置的选择原则

分型面位置的选择有如下原则。

（1）分型面应选择在塑件外形最大轮廓处。

（2）分型面应有利于塑件的脱模。

①分型面选择应使塑件在开模时留在有顶出机构的那一侧，通常是在动模一侧，如图1-23所示。

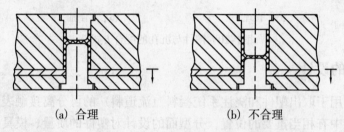

(a) 合理　　　　　　　　(b) 不合理

图1-23　分型面位置对留模的影响

②当塑件外有凹凸槽、内有嵌件时，由于嵌件不收缩，会黏附在型腔内，因此，型腔考虑在动模一侧，如图1-24所示。

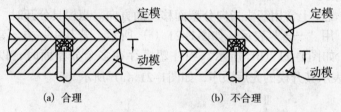

(a) 合理　　　　　　　　(b) 不合理

图1-24　塑件的留模方式

（3）分型面的位置要有利于模具的排气，如图1-25所示。

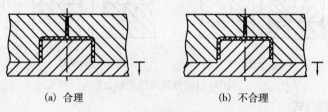

(a) 合理　　　　　　　　(b) 不合理

图1-25　分型面位置对排气的影响

（4）对于有同心度要求的塑件，选择分型面应尽可能将型腔设计在分型面的同一侧，如图1-26所示。

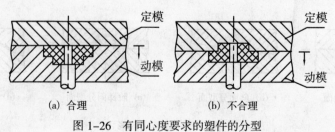

(a) 合理　　　　　　　　(b) 不合理

图1-26　有同心度要求的塑件的分型

(5) 不影响塑件的外观，尤其是外观有明确要求的塑件，更应注意分型面对外观的影响，如图1-27所示。

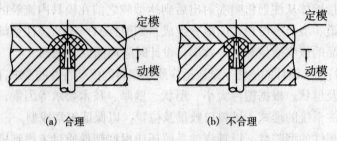

(a) 合理　　　　　　　　　(b) 不合理

图1-27　有外观要求的塑件的分型

(6) 分型面应有利于抽芯。

①当塑件有侧面孔而需设置抽芯机构时，抽芯机构应尽可能设置在动模部分，避免定模抽芯，以简化模具结构，如图1-28所示。

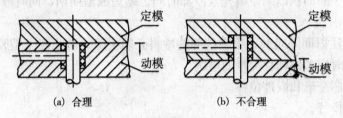

(a) 合理　　　　　　　　　(b) 不合理

图1-28　分型面要有利于抽芯

②选择避免长型芯抽芯的机构，如图1-29所示。

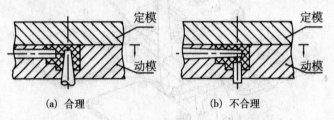

(a) 合理　　　　　　　　　(b) 不合理

图1-29　避免长型芯抽芯的分型面设计

(7) 分型面应有利于成型，防止溢料，当塑件在分型面上投影面积大时，会造成锁模困难，产生严重溢料，如图1-30所示。

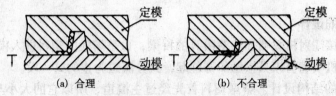

(a) 合理　　　　　　　　　(b) 不合理

图1-30　分型面要有利于成型

(8) 便于模具的加工，特别是型芯的加工。

(9) 分型面的选择要满足塑件的使用要求。

1.2.3 浇注系统的设计

浇注系统是指熔体从注射机喷嘴射出后到达型腔之前在模具内流经的通道。浇注系统由主流道、分流道、浇口、冷料穴四部分组成，如图1-31所示。浇注系统设计是否合理直接关系到塑料产品的成型质量和生产效率，设计时应遵循以下原则。

①塑料成型特性。设计的浇注系统应适应所用塑料的成型特性的要求，以保证塑件质量。

②塑件大小及形状。根据塑件大小、形状、壁厚、技术要求等因素，结合选择分型面同时考虑设置浇注系统的形式、进料口数量及位置，以保证正常成型。

③模具成型塑件的型腔数。设置浇注系统还应根据塑件质量考虑到模具是设计成一模一腔或是一模多腔，浇注系统应按型腔布局设计。

④塑件外观。设计浇注系统时应考虑到去除、修整进料口方便，同时不要影响塑件的外表美观。

⑤成型效率。在大量生产时，设计浇注系统还应考虑到在保证成型质量的前提下，尽量缩短流程，减少断面积以缩短填充及冷却时间，缩短成型周期，同时减少浇注系统损耗的塑料。

⑥冷料。在注射间隔时间，喷嘴端部的冷料必须去除，防止注入型腔影响塑件质量，故设计浇注系统时应考虑储存冷料的措施。

⑦应防止型芯变形和嵌件位移。

⑧应有利于排气。

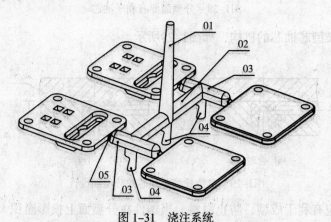

图1-31 浇注系统

01.主流道 02.第一分流道 03.第二分流道 04.冷料穴 05.浇口

1.2.3.1 主流道的设计

主流道是连接注射机喷嘴和注塑模具的桥梁，也是熔融的塑料进入模具型腔时流过的地方，是从注射机喷嘴与模具接触的部位起，到分流道为止的这一段。

(1) 主流道的结构设计。熔融塑料首先经过主流道，所以它的大小与塑料充模速度、时间长短有着密切关系。主流道的断面形状通常为圆形。若主流道太大，其主流道塑料体积增大，塑料耗量增多、冷却时间长，易使包藏的空气增多，如果排气不良，容易在塑件内造成气泡、组织松散等缺陷，影响塑件的质量，同时也易造成冷却不足，主流道脱模困难。若主流道太小，则塑料在流动过程中冷却面积相应增加，热量损失增大，黏度增大，流动性下降，成型压力损失大，易造成塑件成型困难。

　　为了便于冷凝料从主流道中拔出，主流道设计成圆锥形，其锥角常为2°~6°，内壁必须光滑，表面粗糙度应为$R_a0.4\mu m$。浇口套的进料口的直径（d_1）应比注射机喷嘴直径大0.5~1mm；浇口套的球面凹坑半径（SR）要比注射机喷嘴半径大1~2mm；浇口套与定模板的配合可采用H7/m6。

　　由于主流道要与高温塑料及喷嘴反复接触和碰撞，所以模具的主流道部分通常设计成可拆卸更换的主流道衬套，简称为浇口套。它还能避免因模板之间不密实而产生溢料造成冷料脱模困难，常把浇口套镶入定模板内。

　　（2）浇口套的形式。常用的浇口套的形式有以下三种，分别为A形、B形和C形，如1–32所示。

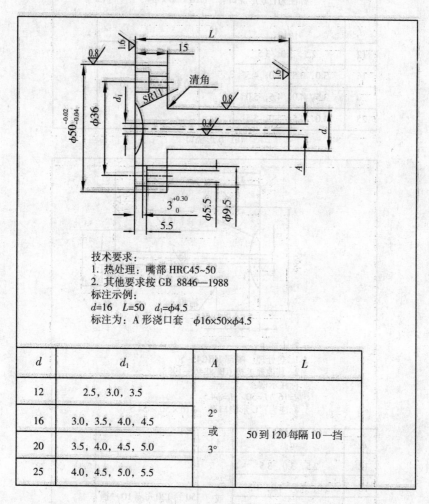

技术要求：
1. 热处理：嘴部 HRC45~50
2. 其他要求按 GB 8846—1988
标注示例：
$d=16$　$L=50$　$d_1=\phi4.5$
标注为：A 形浇口套　$\phi16\times50\times\phi4.5$

d	d_1	A	L
12	2.5, 3.0, 3.5	2°或3°	50到120每隔10一挡
16	3.0, 3.5, 4.0, 4.5		
20	3.5, 4.0, 4.5, 5.0		
25	4.0, 4.5, 5.0, 5.5		

(a) A形浇口

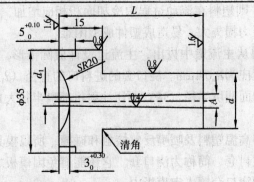

技术要求：
1. 热处理：嘴部 HRC45~50
2. 其他要求按 GB 8846—1988
标注示例：
$d=16$　$L=50$　$d_1=\phi4.5$
标注为：B 形浇口套　$\phi16\times50\times\phi4.5$

d	d_1	A	L
12	2.5，3.0，3.5		
16	3.0，3.5，4.0，4.5	2°	
20	3.5，4.0，4.5，5.0	或 3°	50 到 120 每隔 10 一挡
25	4.0，4.5，5.0，5.5		

(b) B 形浇口

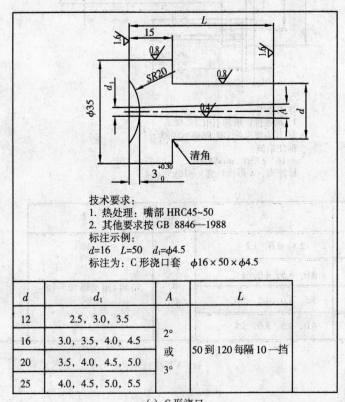

技术要求：
1. 热处理：嘴部 HRC45~50
2. 其他要求按 GB 8846—1988
标注示例：
$d=16$　$L=50$　$d_1=\phi4.5$
标注为：C 形浇口套　$\phi16\times50\times\phi4.5$

d	d_1	A	L
12	2.5，3.0，3.5		
16	3.0，3.5，4.0，4.5	2°	
20	3.5，4.0，4.5，5.0	或 3°	50 到 120 每隔 10 一挡
25	4.0，4.5，5.0，5.5		

(c) C 形浇口

图 1-32　浇口套的形式

浇口套与定位圈和定模板的装配形式如下。

①定位圈压紧浇口套的形式，如图1-33所示。

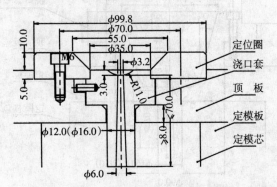

图1-33　定位圈与浇口套的装配形式

②为了尽量缩短主流道的长度，采用如图1-34所示的几种结构形式。

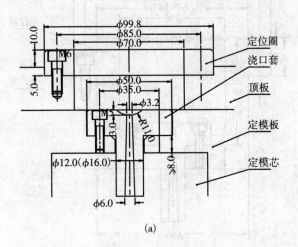

(a)

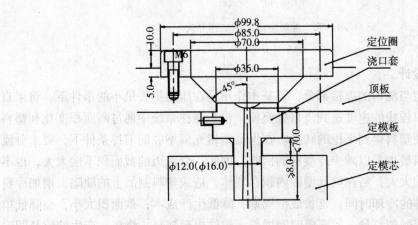

(b)

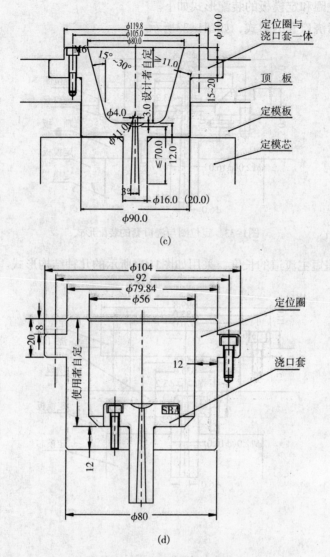

图1-34 缩短主流道的结构形式

1.2.3.2 分流道的设计

分流道是主流道与浇口的连接部分，其基本作用是在压力损失最小的条件下，将来自主流道的熔融塑料以较快的速度送到浇口处充模。也是浇注系统中通过断面积变化和塑料转向的过渡段，能使塑料得到平稳的转换。在保证塑料充满型腔的前提条件下，要求分流道中残留的熔融塑料最少，以减少冷凝料的回收。因此，分流道的截面积不能太大，也不能太小。如果截面积太大，易在模具型腔内积存气体，造成塑料制品上的缺陷，增加冷料的回收量，延长塑件的冷却时间，延长成型周期，降低生产成本；截面积太小，会降低单位时间内可输送的熔融塑料量，使充模时间增长，塑件出现缺料、烧焦，产生波纹及凹陷等缺陷。

分流道一般开设在分型面上，实际设计中分流道通常采用圆形和梯形两种，并且从主流道向分流道逐级递减，如图1-35所示。

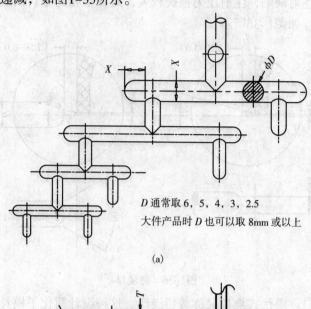

D 通常取 6，5，4，3，2.5
大件产品时 D 也可以取 8mm 或以上

(a)

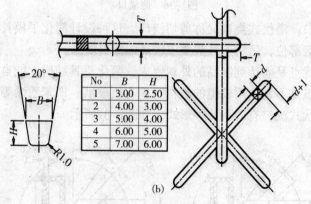

No	B	H
1	3.00	2.50
2	4.00	3.00
3	5.00	4.00
4	6.00	5.00
5	7.00	6.00

(b)

图1-35　分流道的形式

1.2.3.3　浇口的设计

　　浇口也称为进料口或内流道，它是分流道与塑件之间的狭窄部分，是浇注系统中最短小的部分，也是浇注系统中最关键的部分，浇口的形状、位置和尺寸对塑件的质量影响很大。

　　熔体充模后，首先在浇口处凝固，当注射机的螺杆退回时，可防止熔体向流道回流。

　　熔体在流经狭窄的浇口时，产生摩擦热，使熔体升温，有助于充模，易于切除浇口凝料，二次加工方便，对于多型腔模具，浇口能用来平衡进料。对于多浇口单型腔模具，浇口既能用来平衡进料，又能控制熔合纹在制品中的位置。

　　根据注塑模具浇注系统在塑料制品上开设的位置、形状不同，浇口的形式是多种多样的，但常用的浇口大致可分为以下几种。

　　（1）侧浇口。侧浇口又称为边缘浇口或搭结式浇口，其截面为矩形，一般开设在分型面上，从塑件的侧面进料，尤其适用于允许外观上留有很小痕迹的一模多腔的塑料制品，是注射模具中最常用的一种浇口形式。

　　侧浇口的优点是截面简单，加工容易，对各种塑件的成型适用性较强，还可根据塑件的形状特点灵活地选择浇口的位置，以改善填充条件。缺点是有浇口痕迹，容易形成熔接痕、缩孔、气孔等注射缺陷，注射压力损失较大，对深型腔的塑料制品会产生排气不良的问题。侧浇口的尺寸如图1-36所示。

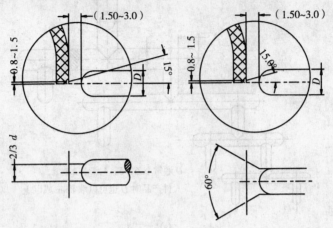

图1-36 侧浇口

(2) 潜伏式浇口。潜伏式浇口又称剪切浇口，这种设计简化了模具结构，开设在塑料制品内侧或外侧隐蔽部位，适用于外观要求较高的塑料制品。

潜伏式浇口的优点是能达到制品的外观要求，简化模具结构，能自动切除浇口，使浇口痕迹不外露；缺点是不宜使用较脆的塑料（如有机玻璃、聚苯乙烯等），浇口加工困难，浇口处易磨损。潜伏式浇口有以下几种形式，如图1-37所示。

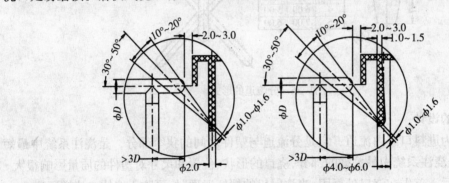

(a) 制品内侧的潜伏式浇口

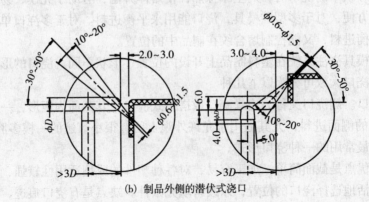

(b) 制品外侧的潜伏式浇口

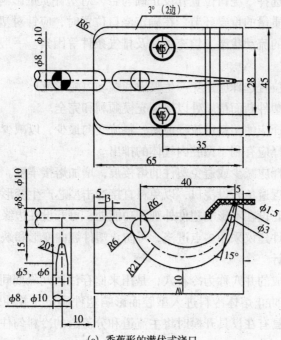

(c) 香蕉形的潜伏式浇口

图1-37　潜伏式浇口形式

（3）直接浇口。直接浇口也称为中心浇口或主流道浇口，这种浇口在浇口套内成型，适用于在单型腔注塑模具中成型体积较大的深腔壳体塑料制品，如显示器后壳、电视机后壳、垃圾篓、水桶等。

直接浇口的优点是流动阻力小，压力损失小，充填容易。对各种塑料都适用，特别是黏度高、流动性差的塑料，如聚碳酸酯（PC）、聚砜（PSU）等。缺点是截面尺寸较大，浇口处固化时间长，注射成型周期长，容易在浇口处产生内应力、裂纹或翘曲变形。浇口去除后塑料塑件有明显疤痕，浅而平的塑料制品不易成型。直接浇口的形状如图1-38所示。

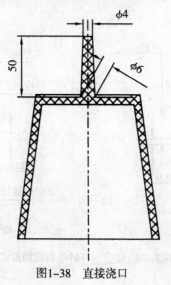

图1-38　直接浇口

（4）浇口的位置选择。浇口位置开设正确与否，对塑件质量影响很大，因此合理选择浇口位置是提高塑件质量的重要环节。在确定浇口位置时，应针对塑件的几何形状特征及技术要求来分析塑件的流动状态、填充条件及排气条件等因素。一般来说，选择浇口位置时应遵循下述原则。

①浇口的尺寸及位置选择应避免产生喷射和蠕动（蛇形流）。

②浇口应开设在塑件断面最厚处以保证充模顺利和完全。

③浇口位置的选择应使塑料的流程最短，料流变向最少，以减少压力损失。

④浇口位置的选择应有利于型腔内气体的排出。

⑤浇口位置的选择应减少或避免塑件的熔接痕，增加熔接牢度。

⑥在细长型芯附近避免开设浇口，以免料直接冲击型芯产生变形错位或弯曲。

⑦浇口位置尽量开设在不影响塑件外观和功能处，可开设在边缘或底部。

⑧大型或扁平塑件建议采用多点进浇，可防止塑件翘曲变形和缺料。

1.2.3.4 冷料穴的设计

主流道延长所形成的井穴称为冷料穴，是用来储存注射间隔期间产生的冷料头及熔体流动的前锋冷料，以防止熔体冷料进入型腔而影响塑件质量，并使熔料能顺利地充满型腔。此外，冷料穴还具有在模具开模时将主流道和分流道的冷料勾住并滞留在动模一侧的作用。

冷料穴一般开设在主流道对面的动模板上，其直径与主流道大端直径相同或略大一些。

（1）底部带有顶杆的冷料穴。这类冷料穴的底部由一根顶杆组成，顶杆安装在顶针固定板上，具体结构如图1-39（a）和1-39（b）所示，其中图1-39（a）为倒锥形冷料穴，它的作用是分型时将主流道的冷凝料从浇口套中拉出并留在动模一侧。开模后，顶杆将冷凝料从冷料穴中强制顶出，这种冷料穴应用于弹性较好的软质塑料，容易实现自动化操作。

图1-39（b）为钩形（Z形）拉料杆的冷料穴，它的作用是分型时将主流道的冷凝料从浇口套中拉出并留在动模一侧。开模后，塑件稍作侧向移动，冷凝料会连同塑件一起从冷料穴中的顶杆中脱落。

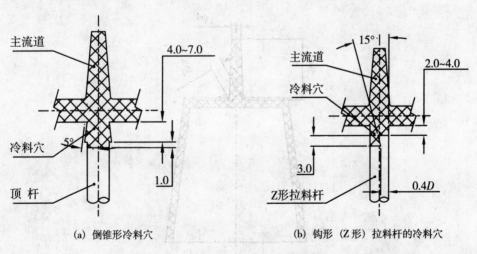

(a) 倒锥形冷料穴   (b) 钩形（Z形）拉料杆的冷料穴

图1-39　带有顶杆的冷料穴的形式

（2）底部带有拉料杆的冷料穴。这类冷料穴的底部由一根锥形拉料杆组成，锥形拉料杆安装在动模芯上，具体结构如图1-40所示，它的作用是冷料进入冷料穴后，紧包在这些拉料杆的头部上，开模时，便可将主流道凝料从主流道中拉出，当推件板从型芯上推出塑件时，同时也将主流道冷凝料从拉料杆上刮下来，专门用于具有推件板的模具。

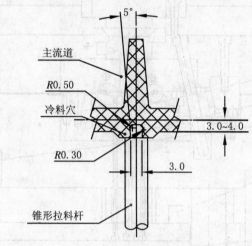

图1-40 带有拉料杆的冷料穴

1.2.4 脱模机构的设计

注射成型机的动模部分设有脱模推出机构，有的使用液压推动，也有用机械推动。在塑件成型后，动模后退到一定距离，就开始由注射机的脱模机构推动模具的顶针底板和顶针固定板，使塑件和浇注系统的冷凝料从模具中脱出。

一般情况下，推出塑件的动作在动模上完成。但在特殊情况下，也可以在定模上设脱模机构。由于注射机的定模板一侧没有推出机构，在这种场合必须采取特殊结构。脱模机构是注塑模具的重要组成部分，它的形式和方式与塑件的形状、结构和塑件的性能有关。其基本要求如下。

①保证塑件开模后塑件留在动模上，简化顶出机构。

②保证塑件不变形，不损坏，顶出平衡，脱模力足够。

③保证塑件外观质量，顶出痕迹不能伤及塑件外观，特别是透明件。

④保证顶杆的强度及刚度足够，在推出动作时不产生弹性变形。

⑤脱模机构的运动应保证灵活、可靠、不发生误动作。

1.2.4.1 一般顶出机构

顶出机构主要由顶针固定板、顶针底板、顶针板导套、顶针板导柱、回程杆、拉料杆、垃圾钉、限位柱和顶针等组成，如图1-41所示。开模后，注射机上的顶杆将顶出力作用于顶针底板上，再通过顶针推动塑件将其从动模芯中顶出。顶针板导套和顶针板导柱的作用是保证顶针底板和顶针固定板在顶出过程中平稳可靠，同时顶针板导柱还起着支撑动模板的作用。在回程杆上装上弹簧，顶针底板和顶针固定板在顶出塑件后，在弹簧和回程杆的作用下复位。拉料杆的作用是开模时，拉住浇注系统的冷凝料随动模一起后移，顶出时使浇注系统凝料随塑件一起顶出。垃圾钉的作用是使顶针底板与模具底板形成间隙，因为顶针底板与模具底板之间可能会存在垃圾（塑料废料、铁屑等杂物），会使顶针底板和顶针固定板不平稳导致顶出困难。限位柱的作用是用来调节顶出距离。

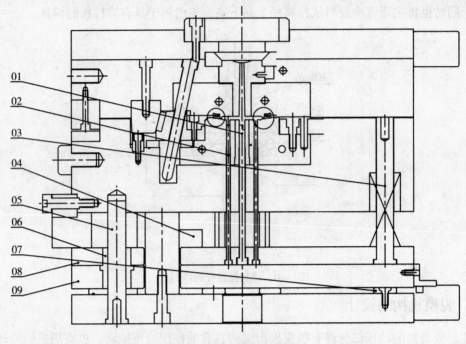

图1-41　顶出机构的结构形式

01.拉料杆　02.顶针　03.回程杆　04.限位柱　05.顶针板导柱　06.顶针板导套　07.垃圾钉
08.顶针固定板　09.顶针底板

（1）顶针的设计。顶针的作用是将塑件从动模芯内顶出。顶针是顶出机构中最常用的顶出零件，其使用方便，放置的位置自由度大，常用来顶出各种塑件。

①顶针的结构形式。顶针的结构形式有三种，分别为普通顶针、双节式顶针和扁顶针。普通顶针的优点是结构简单、制造方便、定位可靠，是目前模具厂家使用最多的类型，如图1-42所示；双节式顶针由于顶部较小，为了增加其强度，故在它的后面加粗以防止其变形，主要用于顶针直径较小的场合，如图1-43所示；扁顶针主要用于塑件上有较深的胶位和加强筋的场合，如图1-44所示。

②普通顶针的设计原则。

a. 为防止顶出时制品发生变形，顶针应尽量靠近型芯或难于脱模的部位。

b. 顶针应尽量分布在承受力最大的部位，如筋位、凸台的壁缘等部位。

c. 顶针应尽量避免分布在制品的薄平面上，防止顶破、顶白或变形。

d. 顶针的痕迹不可影响制品的外观，对于透明的制品尤其要注意顶针位置和顶出形式的选择，顶针分布应力求均匀、平衡。

e. 顶针图要对顶针进行编号，尺寸规格要尽量减少。

f. 在难以排气的部位尽量多地设顶针，用它来代替排气槽排气。

g. 顶针一般不要小于ϕ2.5，顶针小于ϕ2.5时，要采用双节式顶针。

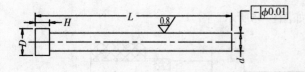

材质	硬　度
SKD61	氮化处理：HV900 以上 （调质处理）HRC42 以上

d	1	1.2	1.5	1.6	2	2.5	3	3.5	4	4.5	5	5.5	6	6.5	7	8	9	10	12	13
			$\begin{array}{c}-0.008\\-0.018\end{array}$							$\begin{array}{c}-0.010\\-0.020\end{array}$				$\begin{array}{c}-0.015\\-0.025\end{array}$				$\begin{array}{c}-0.020\\-0.030\end{array}$		
$D_{-0.20}^{0}$	6	6	6	6	6	6	6	7	8	8	9	9	10	10	11	13	14	15	17	18
$H_{-0.20}^{0}$	4	4	4	4	4	4	4	4	6	6	6	6	6	6	6	8	8	8	8	8
L	100 150 200	100 150 200	100 150 200	100 150 200	100 150 200 250 300 350	100 150 200 250 300 350 400	100 150 200 250 300 350 400 450 500 550 600 650 700 750 800 850	100 150 200 250 300 350 400 450 500 550 600 650 700 750 800 850	100 150 200 250 300 350 400 450 500 550 600 650 700 750 800 850	100 150 200 250 300 350 400 450 500 550 600 650 700 750 800 850	100 150 200 250 300 350 400 450 500 550 600 650 700 750 800 850	100 150 200 250 300 350 400 450 500 550 600 650 700 750 800 850	100 150 200 250 300 350 400 450 500 550 600 650 700 750 800 850	100 150 200 250 300 350 400 450 500 550 600 650 700 750 800 850	100 150 200 250 300 350 400 450 500 550 600 650 700 750 800 850	100 150 200 250 300 350 400 450 500 550 600 650 700 750 800 850	100 150 200 250 300 350 400 450 500 550 600 650 700 750 800 850	100 150 200 250 300 350 400 450 500 550 600 650 700 750 800 850	100 150 200 250 300 350 400 450 500 550 600 650 700 750 800 850	100 150 200 250 300 350 400 450 500 550 600 650 700 750 800 850

图1-42　普通顶针的结构尺寸

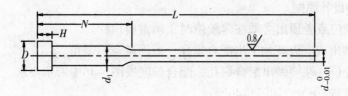

d	0.8	1	1.2	1.5	1.8	2	2.5
d_1	4						
D	8						
H	6						
N	50, 75, 100, 125, 150						
L	100, 125, 150, 175, 200						

材质	硬　度
SKD61	氮化处理：HV900 以上 （调质处理）HRC42 以上

图1-43　双节式顶针的结构尺寸

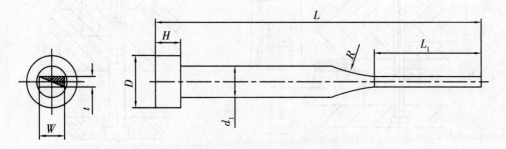

图1-44　扁顶针的结构

h. 顶针顶制品边时，$A > 2/3D$，如图1-45所示。

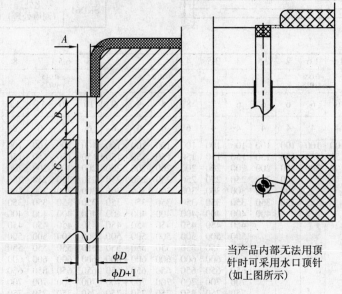

当产品内部无法用顶针时可采用水口顶针（如上图所示）

图1-45　塑件边缘的顶针形式

注意： a. 顶针尽量不要排在有碰穿位的地方。

　　　　 b. 反扩顶针孔保证B=20~30的情况下，C取整数。

③扁顶针的设计原则。

a. 在有深胶位或者顶出必须在薄胶位时，须做扁顶针。

b. 做镶件磨出或电火花加工出配合扁孔，后面避空，倒角。

c. 顶针近胶位一端须做出配合扁孔，配合长度按图1-46中所示要求。

d. 做定位装置$X < Y$，如图1-46所示。

④顶针的定位。由于有些塑件的内表面是曲面，所以有些顶针的顶部也是曲面，这种情况下，必须给顶针定位，顶针的定位方式，如图1-47所示的两种方式，图1-47（a）是

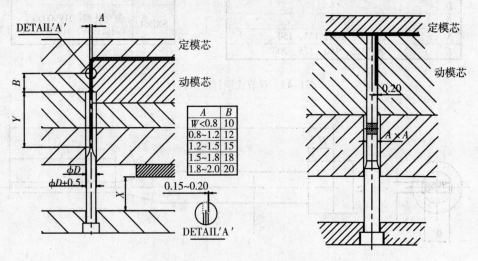

A	B
W<0.8	10
0.8~1.2	12
1.2~1.5	15
1.5~1.8	18
1.8~2.0	20

图1-46　扁顶针的结构形式

用定位销定位；图1-47（b）是在给顶针台阶部位削成扁方的定位方式。

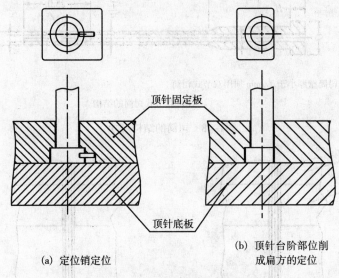

(a) 定位销定位　　　　　　(b) 顶针台阶部位削
　　　　　　　　　　　　　　　成扁方的定位

图1-47　顶针的定位方式

　　(2) 顶管的设计。顶管也叫司筒，主要是用于顶出圆筒形塑件或圆形凸台塑件。优点是顶出动作均匀、可靠，塑件上不会留下明显痕迹。司筒和司筒针要成套使用，其中司筒是用来顶出塑件，司筒针是用来成型塑件的内孔。司筒针与司筒要有足够的配合位置（常取10~25mm），司筒安装在顶针固定板上，司筒针安装在模具的底板上，并要用加硬的压板压住。司筒的结构尺寸如图1-48所示，图1-48（a）为普通司筒，图1-48（b）为双节式司筒。司筒的安装形式如图1-49所示。图1-49（a）是用压板固定，图1-49（b）是用无头螺纹固定。

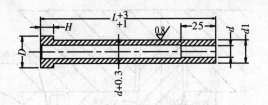

材质	硬　度
SKD61	氮化处理：HV900 以上 （调质处理）HRC42 以上

d_1	4	4.5	5	6	6.5	7	8	9	10	12	12	12	12	12	12
			$\begin{smallmatrix}0\\-0.02\end{smallmatrix}$							$\begin{smallmatrix}-0.015\\-0.025\end{smallmatrix}$					
d	1.5	2	2.5	3	3.5	4	4.5	5	5.5	6	6.5	7	8	9	10
				$\begin{smallmatrix}+0.02\\0\end{smallmatrix}$						$\begin{smallmatrix}+0.025\\+0.01\end{smallmatrix}$					
$H_{-0.05}^{0}$	6	6	6	6	6	6	8	8	8	8	8	8	8	8	8
$D_{-0.15}^{-0.05}$	8	8	9	10	10	11	13	14	15	17	17	17	17	17	17
L	100, 125, 150, 175, 200, 225, 250, 275, 300, 350, 400, 450, 500, 550, 600, 700, 800														

(a) 普通司筒的结构尺寸

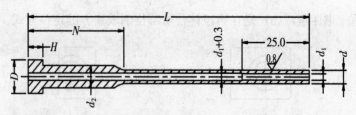

注：司筒壁厚小于 1.2mm 须用双节式司筒。

(b) 双节式司筒的结构

图1-48 司筒的结构尺寸

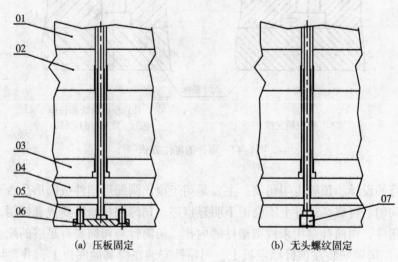

(a) 压板固定   (b) 无头螺纹固定

图1-49 司筒针的安装形式

01.动模芯 02.动模板 03.顶针固定板 04.顶针底板 05.模具底板
06.加硬压板 07.无头螺纹

(3) 推板、推块的设计。

①推板的设计原则。

a. 推板主要用于薄壁容器、各类罩壳形塑件和表面不允许带有推出痕迹的塑件。

b. 在塑件内侧不适合作顶针时，或者塑件外侧较深时，可采用推板顶出。

c. 塑件内侧镶件与推板接触的地方应做3°~5°的斜面配合。

d. 推板离塑件内侧应有0.2mm的距离，以免顶出时推板擦伤塑件内侧的镶件。

常用的推板结构如图1-50所示，推板与顶针用螺纹连接，可以保证推板顶出塑件时不会脱落。

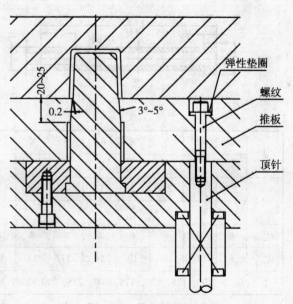

图 1-50 推板的结构形式

②推块的设计原则。

a. 顶出必须在胶位边缘，而又不可用推板顶出时，则用推块顶出。

b. 推块周边必须做2°~5°的斜度。

c. 推块用718H的材料，而且要进行氮化处理。

d. 推块离胶位内边必须有0.2mm以上距离（一般为0.2mm），以避免顶出时推块擦伤塑件内侧的镶件。

e. 推块与顶针采用螺纹连接，也可采用圆柱紧配合，加横向固定销连接。

常用的推块结构如图1-51所示。

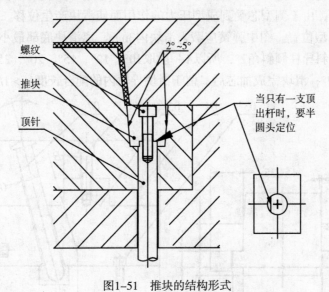

图1-51　推块的结构形式

带有滑块类的推块结构如图1-52所示，推块应低于滑块面1.0mm，以免擦伤，但此种方式须配先复位结构。

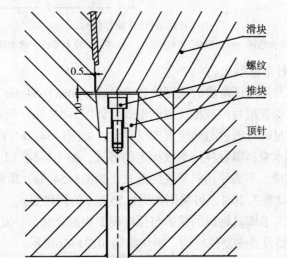

图1-52　带滑块的推块结构形式

1.2.4.2 侧抽芯机构的设计

（1）斜导柱抽芯机构的设计。当塑件上具有与开模方向不同的侧孔或外部侧凹等阻碍塑件直接脱模时，必须将成型侧孔或外部侧凹的零件做成活动的，成为活动型芯。在塑件脱模前先将活动型芯抽出，然后再将塑件从模具中顶出，完成活动型芯抽出和复位的机构就是抽芯机构。斜导柱抽芯机构的组成如图1-53所示，斜导柱07固定在定模板04上，滑块08在压板02与动模板10所组成的导滑槽内滑动。开模时，开模力通过斜导柱作用于滑块，迫使滑块在动模板的导滑槽内向左移动，完成抽芯动作。限位螺钉03与弹簧09使滑块保持抽芯后最终位置的定位装置，保证合模时斜导柱能准确地进入滑块的斜孔，使滑块回到成型位置。在成型时，由于侧型芯受到成型压力的作用而使滑块产生位移，因此，用楔紧块05来保证滑块的成型位置。图中弹簧应藏入滑块内3mm，离滑块底部最小1mm；楔紧块与滑块的夹角须大于斜导柱倾斜角2°，所以A一般取10°、12°、15°、20°、25°，B相对取12°、14°、17°、22°、27°；滑块完成抽芯后，留于滑块导轨内的配合长度$L_1 > 1/2L$。

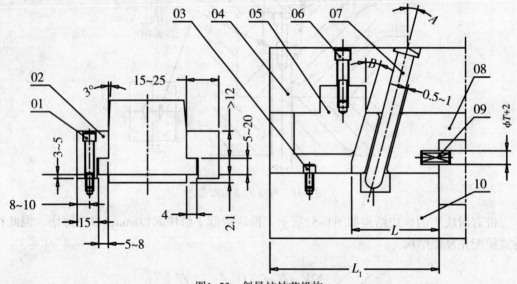

图1-53　斜导柱抽芯机构

01.螺钉　02.压板　03.限位螺钉　04.定模板　05.楔紧块　06.螺钉　07.斜导柱　08.滑块　09.弹簧　10.动模板

①动模滑块的几种常见形式。

a. 利用定模板本身来保证滑块的成型位置的形式，如图1-54（a）所示。

b. 利用楔紧块来保证滑块的成型位置的形式，如图1-54（b）所示。

c. 楔紧块刚性不足时可通过与动模板来反定位，如图1-54（c）所示的形式。

d. 楔紧块用定模本身，斜导柱用螺纹固定的形式，如图1-54（d）所示。

e. 楔紧块做T形槽，不需使用斜导柱的形式，如图1-54（e）所示。

f. 当动模滑块在动模芯里时，可采用如图1-55所示的两种形式。

g. 当滑块或侧型芯沿模具轴线的投影与顶杆端面相重合时，会发生干涉碰撞。经过计算不能避免时，一定要设置先复位机构，滑块结构如图1-56所示。

h. 当滑块行程相当大或滑块开模面积且开模力大时，考虑用油缸抽芯机构，如图1-57所示。

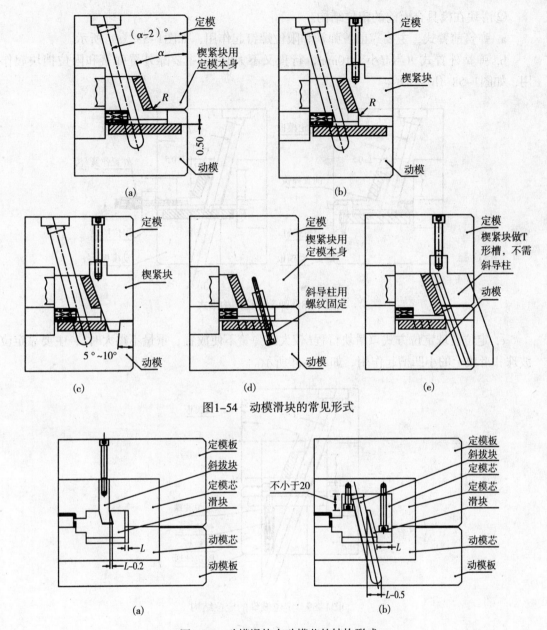

图1-54　动模滑块的常见形式

图1-55　动模滑块在动模芯的结构形式

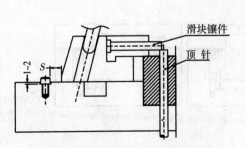

图1-56　滑块镶件沿模具轴线的投影与
顶杆端面重合的结构形式

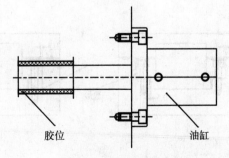

图1-57　油缸抽芯机构

②滑块在模具合模前的定位结构。

a. 弹簧前置式，主要靠前置弹簧和限位螺钉起作用，如图1-58（a）所示。

b. 弹簧外置式（当 M 小于10mm，行程又不大时），主要靠外置弹簧和限位挡块起作用，如图1-58（b）所示。

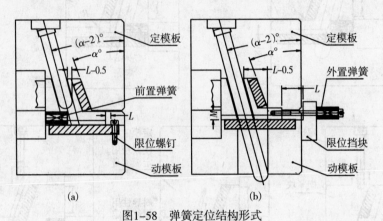

图1-58　弹簧定位结构形式

c. 定位波珠定位方式（滑块行程 L 较大或弹簧不便放置、重量不很大时），主要靠定位波珠和滑块上的小凹槽起作用，如图1-59所示。

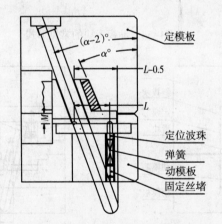

图1-59　定位波珠的定位结构

③滑块压板的结构形式，如图1-60所示。

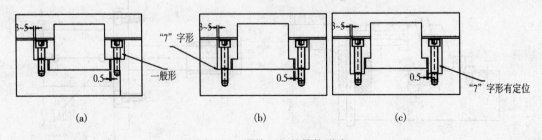

图1-60　滑块压板的结构形式

④斜导柱抽芯机构"T"形槽设计的一般规定：在位置足够的情况下，行位高度H不超过80mm时，可按表1-3所示的尺寸进行设计，如图1-61所示。

表1-3　斜导柱抽芯机构"T"形槽设计尺寸（mm）

L	B	T
<50	4	5
50<L<100	6	8
100<L<200	8	10
200<L<300	10	15
>300	>15	>18

注：滑块很高时，需酌情加厚T值。

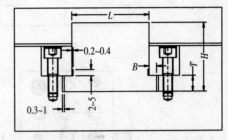

图1-61　"T"形槽的结构设计

滑块压板设计的一般规定：在位置足够的情况下，行位高度H不超过80mm时，可按表1-4所示的尺寸进行设计，如图1-62所示。

表1-4　滑块压板设计尺寸　（mm）

L	M	A	H₁	R
<30	4	15	10	7
30<L<50	5	16	12	7.5
50<L<100	6	19.5	15	8.5
100<L<200	6	21.5	20	8.5
>200	8	27	>25	11

注：滑块很高时，需酌情加厚H_1。

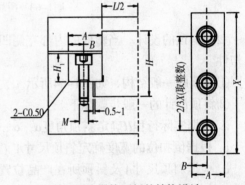

图1-62　滑块压板的结构设计

⑤滑块镶件组合的几种形式，如图1-63所示。

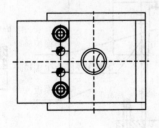 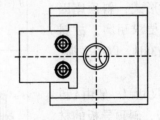

(a)

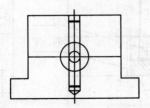 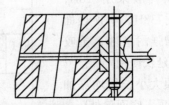

(b)

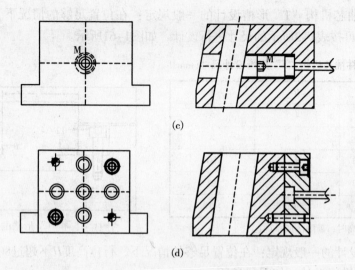

图1-63 滑块镶件的结构形式

(2) 斜顶的设计。当塑件的内部有侧凹，阻碍塑件直接脱模时，必须设计成斜顶来顶出塑件。

①斜顶的一般结构，如图1-64所示。

②斜顶设计的一般步骤如下。

a. 根据实际行程H确定斜顶角度α，α一般取3°~12°。

b. 根据倒扣位的宽度确定斜顶尺寸A (宽度)。

c. 根据斜顶尺寸A及斜顶所在产品位置 (主要看有无干涉、斜顶上的胶位面落差是否很大) 确定斜顶尺寸B (厚度)，B值一般不小于8.0mm。

d. 根据斜顶尺寸A、B及总长度确定斜顶座的形式，斜顶座因为受力较复杂，要求耐磨，故斜顶座的材料选用738H，以免磨损、咬卡。

e. 根据斜顶尺寸 (一般由A和B) 设计斜顶导板，斜顶导板的材料一律采用锡青铜。

f. 斜顶材料一般采用718H，但斜顶大时采用738H，斜顶表面必须氮化，以增强耐磨性、抗咬卡、表面硬度，延长使用寿命。

g. 不论斜顶大小长短均需加工油槽 (斜顶的顶、底面除外)。

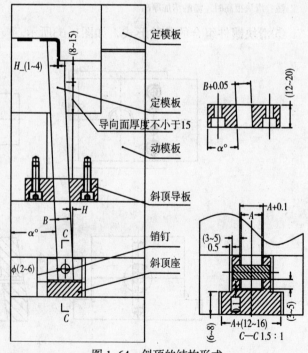

图1-64 斜顶的结构形式

③斜顶的结构设计。

a. 斜顶中上部的结构设计，如图1-65所示。

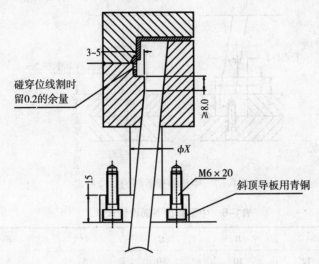

图1-65　斜顶中上部的结构形式

设计时的注意事项：

Ⅰ. 当斜顶尺寸大于25mm×25mm时，可不用斜顶导板。

Ⅱ. 动模板避空位尽量为圆形或其他有利于机加工的形状。

Ⅲ. 如果模胚较小，做斜顶导板又不方便时，可以线割动模板斜顶孔，单边避空0.2mm。

b. 斜顶下部的结构设计。

Ⅰ. 小型斜顶（斜顶尺寸为8mm×8mm及以下尺寸的斜顶）下部的结构设计一般如图1-66所示，尺寸见表1-5。

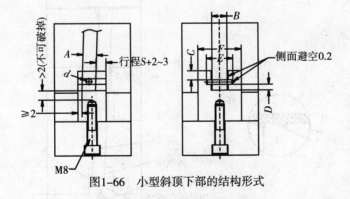

图1-66　小型斜顶下部的结构形式

表1-5　小型斜顶下部结构设计尺寸　　　　　　　　　　　　　　　　　（mm）

序号 \ 系列	A	B	C	D	E	F	d
1	5	5 / 6	5	4	12	22	ø3
2	6	6 / 8	5	4	12 / 14	24	ø4
3	8	8	6	4	14	26	ø5

Ⅱ. 中型斜顶（斜顶尺寸为8mm×8mm以上或25mm×25mm以下的斜顶）下部的结构设计一般如图1-67所示，尺寸见表1-6。

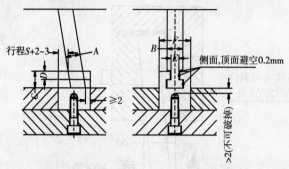

图1-67　中型斜顶下部的结构形式

表1-6　中型斜顶下部设计尺寸　　　　　　　　　　　　　　　　　　　（mm）

序号＼系列	A	B	C	D	E	F
1	8，10，12	10	10	5	5	22
2	8，10，12，14	12	12	6	6	24
3	10，12，14，16	15	12	6	8	30
4	16，18，20，25	20	14	7	12	40
5	18，20，25	25	16	8	15	50

④斜顶座的特殊结构如图1-68所示（当顶面为弧形且扣住斜顶时，可谨慎使用该结构，此结构属强制脱模，可能导致塑件变形）。

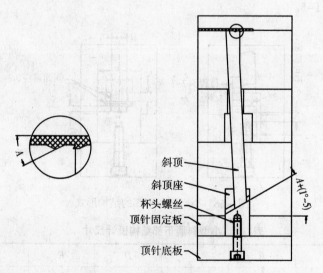

斜顶
斜顶座
杯头螺丝
顶针固定板
顶针底板

图1-68　斜顶座的特殊结构形式

1.2.4.3　复位机构的设计

复位机构是指模具开模顶出塑件后，使模具的顶针恢复到模具的合模状态时的机构，以便进行下一次注射。常用的复位机构有弹簧复位机构和先复位机构等。

（1）弹簧复位机构。弹簧复位机构是利用弹簧的弹力使顶出机构复位，如图1-69所示。

设计弹簧复位时应注意以下几点。

① 为避免弹簧在工作时扭斜，弹簧常装在弹簧导杆上，利用弹簧导杆进行导向。

② 为了保证弹簧伸缩自由和减少磨损，复位弹簧和弹簧孔之间均采用0.5mm的间隙配合。

③ 弹簧最大压缩比为40%，预压缩量为10~30mm。

④ 要求使用标准长度的弹簧。

⑤ 弹簧尺寸和弹簧数量与模胚尺寸有关，如表1-7所示。

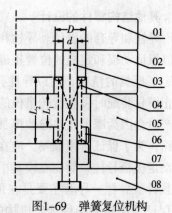

图1-69　弹簧复位机构

01.定模板　02.动模板　03.弹簧导杆　04.弹簧　05.垫板
06.顶针固定板　07.顶针底板　08.底板

表1-7　弹簧尺寸和弹簧数量与模胚尺寸关系

模胚尺寸（mm）	弹簧尺寸（mm）	弹簧数量
270 或以下	ϕ30	2 支
300~400	ϕ30~40	2~4 支
450 或以上	ϕ40~50	4~6 支

（2）先复位机构。当滑块或侧型芯沿模具轴线的投影与顶杆端面相重合时，会发生干涉碰撞。经过计算不能避免时，一定要设置先复位机构，先复位机构如图1-70所示。

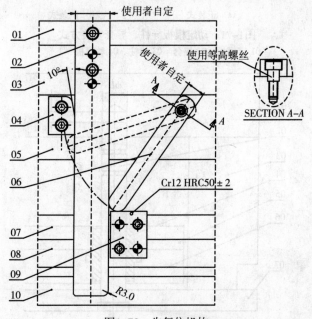

图1-70　先复位机构

01.顶板　02.推杆　03.定模板　04.限位块　05.动模板　06.摆杆
07.顶针固定板　08.顶针底板　09.推块　10.底板

1.2.4.4 其他结构零件的设计

（1）导柱和导套的设计。导柱和导套的作用是在模具开模、合模的过程中起导向的作用，可以保证动模和定模的位置正确，以便使型腔的形状和尺寸精确。导柱、导套的配合精度决定了模具的精度，所以导柱孔、导套孔在模座加工中必须要做到准确无误。另外，为了防止模具装配时发生旋转错位的现象，通常在设计时要考虑防错措施。导柱、导套在模具生产时会因为摩擦生热导致模具温度升高，因此大型模具设计时应该在导柱附近排布冷却水路；为了保证合模顺畅，应在导套下做排气槽。

①动定模板导柱、导套在模具中的安装方式有正装式和倒装式两种，如图1-71所示。

②顶针板导柱、导套主要是在顶出成品及顶针板回位过程中对顶针板起导向的作用，还可以保证顶出板和各种顶出机构的动作准确、顺畅，避免顶出机构运动中有卡死的现象。顶针板导柱、导套的安装方式如图1-72所示。

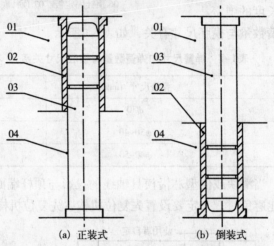

(a) 正装式　　　　　　(b) 倒装式

图1-71　动定模板导柱、导套安装方式

01.定模板　02.导套　03.导柱　04.动模板

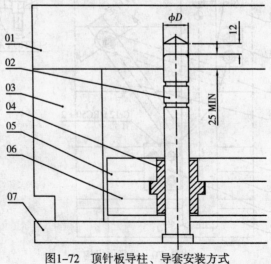

图1-72　顶针板导柱、导套安装方式

01.动模板　02.导柱　03.垫板　04.导套　05.顶针固定板

06.顶针底板　07.底板

（2）支撑柱的设计。支撑柱的作用主要是支撑动模板，使动模板在注射压力下，不会发生下凹等变形。

①支撑柱在排布时应遵循以下原则。

a. 应避开斜顶、顶针等顶出系统。

b. 在注射压力较大的正下方应尽量多排支撑柱，并且支撑柱尽量取大（在不破坏顶针板强度的条件下）。

c. 支撑柱孔离顶杆孔（KO）边距约5mm，离顶针孔至少4mm，如图1-73所示。

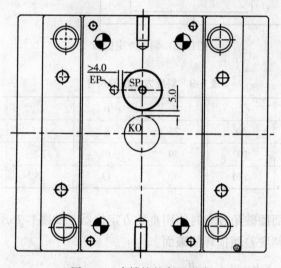

图1-73　支撑柱的布置形式

②支撑柱的尺寸见表1-8，结构如图1-74所示。

表1-8　支撑柱的尺寸　　　（mm）

支撑柱	φ28	φ38	φ48	φ58
支撑柱孔	φ30	φ40	φ50	φ60
螺　纹	M10			

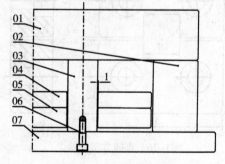

图1-74　支撑柱的结构

01.动模板　02.垫板　03.支撑柱　04.顶针固定板
05.顶针底板　06.螺纹　07.底板

（3）定位器的设计。当模芯的结构中有靠破和插破部位，模腔较深、产品质量要求较高。由于加工精度以及装配关系，动定模在合模过程中会出现错位现象，单靠导柱的定位精度（精密模导柱的定位精度通常为0.05~0.08mm）无法满足其质量要求，而必须使用定位器（定位器的定位精度通常为0.02mm）。

定位器已经标准化，在设计定位器的过程中，定位器的大小要根据模座的大小、客户的要求来选定，在不同的场合应选用不同形式的定位器。

①定模芯的型腔较深且成品无插破的情况下常使用斜度方定位器，如图1-75所示，尺寸见表1-9所示，目的是为了防止动定模芯错位而影响产品质量。

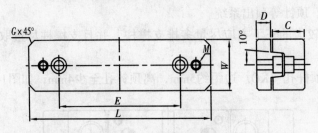

图1-75 斜度方定位器

表1-9 斜度方定位器尺寸 (mm)

代号	E	L	W	D	C	G	M
KY50	36	50	25	8	17.5	5	M5
KY100	60	100	30	10	22	4	M6
KY150	100	150	40	13	25	5	M8

②成品有插破角而插破角较小时使用直插方定位器，如图1-76所示，尺寸见表1-10所示，目的是为了防止精度差而损坏插破面。

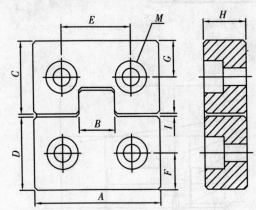

图1-76 直插方定位器

表1-10 直插方定位器尺寸 (mm)

代号	A	B	C	D	E	F	G	H	M
PL50	50	17	21.5	21.5	34	30	11	16	M5
PL75	75	25	36	36	50	46	18	19	M8
PL100	100	35	45	45	70	60	22	19	M10
PL125	125	45	45	45	84	60	22	25	M10

③当模具空间较小而成品有插破角，但没有空间装前两种方定位器时，使用圆形定位器，如图1-77所示。

（4）垃圾钉的设计。垃圾钉的作用是减少顶针底板与模具底板的接触面积，容易调整顶针固定板的平面度及避免料渣掉入影响顶针板的回位。

①垃圾钉的结构形式如图1-78所示，一种垃圾钉通过小圆柱定位的形式固定在模具的底板上，另一种垃圾钉是通过埋头螺纹固定在模具的底板上。

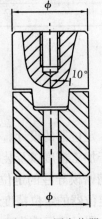

图1-77 圆定位器

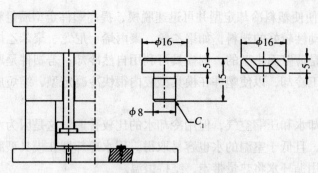

图1-78 垃圾钉的结构形式

②垃圾钉的数量如表1-11所示，分布形式如图1-79所示。

表1-11 垃圾钉的数量

尺寸"A"	垃圾钉数量
270mm 或以下	4~6 个
300~400mm	8~10 个
450mm 或以上	10 个以上

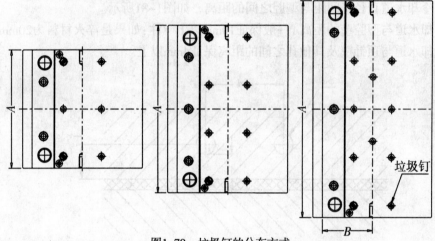

图1-79 垃圾钉的分布方式

（5）锁模块的设计。锁模块的作用是将模具的动模部分与定模部分锁固在一起，使动模部分和定模部分不能分开，以便搬运及起吊；锁模块装配应避免与水孔、吊模螺纹、定位器、计数器等干涉。锁模块的形状尺寸如图1-80所示。

1.2.5 冷却系统的设计

一般注射到模具内的塑料温度为200℃左右，而塑件固化后从模具型腔中取出时其温度在60℃以下。热塑性塑料在注射成型后，必须对模具进行有效的冷却，使熔融塑料的热量尽

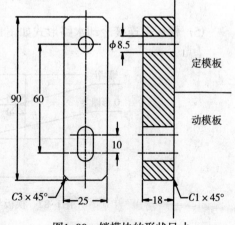

图1-80 锁模块的形状尺寸

快地传给模具，以便使塑料冷却定型并可迅速脱模，提高塑件定型质量和生产效率。对于熔融黏度较低、流动性较好的塑料，如聚乙烯、聚丙烯、尼龙、聚苯乙烯、聚氯乙烯、有机玻璃等，若塑件是薄壁而小型的，则模具可利用自然冷却；若塑件是厚壁而大型的，则需要对模具进行人工冷却，以使塑件在模具型腔内很快冷凝定型，缩短成型周期，提高生产效率。

冷却介质有冷却水和压缩空气，但用冷却水的比较普遍，这是因为水的热容量大，传热系数大，成本低，且低于室温的水也容易取得。用水冷却即在模具型腔周围或型腔内开设冷却水通道，利用循环水将热量带走，维持恒温。

冷却系统的设计原则如下。

(1) 冷却水道直径一般取ϕ8mm、ϕ10mm、ϕ12mm。

(2) 冷却水道接水管，间距保证30mm。

(3) 冷却水道要均匀，分布合理。运水不能做在天地方向，不做在天方向是为了避免水滴到内模，而导致内模锈蚀；不做在地方向是为了卸模具忘记拆水管时，避免压断水管。故设计时应首先要考虑后/前方向，这里强调后和前的顺序，是因为在考虑运水进出位置时，首先考虑远离人的方向。

(4) 冷却水道直径、间距与型腔之间的距离，如图1-81所示。

①冷却水道与型腔壁的距离A一般保证10mm以上（注：如果是淬火材料为20mm以上）。

②冷却水道与顶针壁及其他孔之间的距离保证4mm以上。

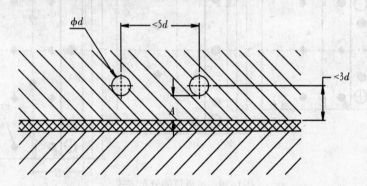

图1-81　冷却水道的布置方式

(5) 模板上连接冷却水路形式如图1-82所示。

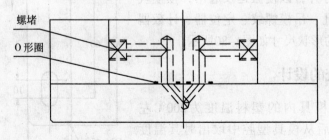

图1-82　模板与模芯的冷却水路连接形式

（6）模板冷却水路形式如图1-83所示。

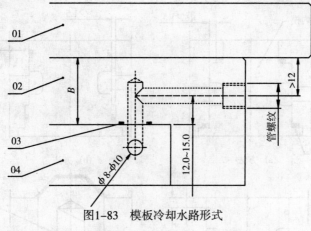

图1-83　模板冷却水路形式

01.顶板　02.定模板　03.O形密封圈　04.定模芯

注意事项：

①此为典型模具运水方式；

②运水经定模板出来，接水管；

③此方式可避免水管直接装入内模，安装困难；

④顶板尽量不要进出水，若B尺寸无法满足，则采用图1-84所示的形式。

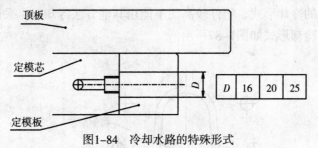

D	16	20	25

图1-84　冷却水路的特殊形式

（7）冷却水塘的结构形式如图1-85所示。

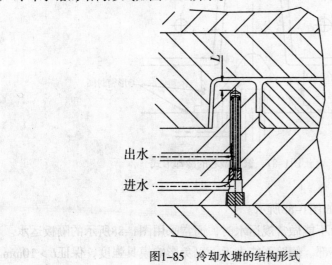

图1-85　冷却水塘的结构形式

（8）圆内模运水的四种方式，如图1-86所示。

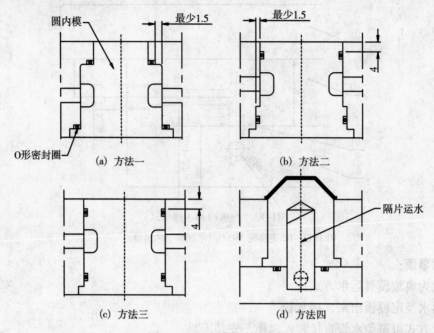

图1-86 圆内模运水的形式

（9）铍铜型芯的冷却形式。塑件较高而不能用其他方法冷却时，采用铍铜型芯的冷却形式。铍铜型芯的冷却形式如图1-87所示。

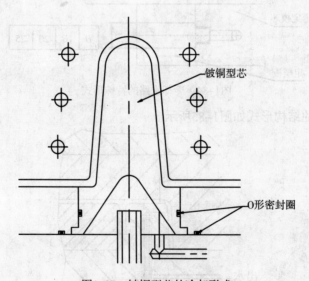

图1-87 铍铜型芯的冷却形式

（10）隔板运水的形式如图1-88所示。

①在深腔制品模具中，不能做常规运水时，通常采用图1-88所示的隔板运水。

②此种水道离塑件的端部、侧壁不能太近，以免影响模具强度，保证$L > 10\text{mm}$。

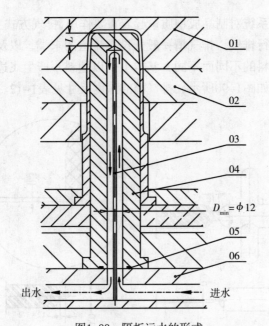

图1-88　隔板运水的形式
01.定模芯　02.动模芯　03.隔板　04.动模镶件　05.O形圈　06.垫板

（11）散热针冷却方式，如图1-89所示。

①对于一些细长镶件，不能采用常规运水，也不能采用管状及隔板运水时，可采用散热针冷却方式。

②散热针底部应有足够的贮水位。

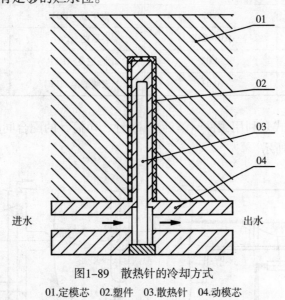

图1-89　散热针的冷却方式
01.定模芯　02.塑件　03.散热针　04.动模芯

1.2.6　排气系统的设计

在塑料熔体充填模具型腔的过程中，同时要排出型腔及浇注系统内的空气。如果气体不能顺利地排出，被压缩的气体所产生的高温容易使塑件出现气泡、拉缝、填充不足及烧焦等缺陷。合理的排气系统对制品成型质量起着重要作用,排气方式主要有以下两种方式。

(1) 利用排气槽进行排气。排气槽一般开设在流道的末端,以及型腔最后被充满的部位。排气槽的深度因塑料的不同而不同,基本上是以塑料不产生飞边时所允许的最大间隙来确定。排气槽的形式如图1-90所示,排气槽的深度尺寸见表1-12。

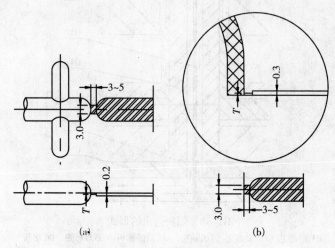

图1-90 排气槽的形式

表1-12 常用塑料排气槽的深度　　　　　　　　　　　　　　(mm)

塑料品种	排气槽深度 (T)	塑料品种	排气槽深度 (T)
聚乙烯 (PE)	0.02	聚甲醛 (POM)	0.01~0.03
聚丙烯 (PP)	0.01~0.02	尼龙 (PA)	0.01
聚苯乙烯 (PS)	0.02	增强尼龙 (GFPA)	0.01~0.03
ABS	0.03	聚碳酸酯 (PC)	0.01~0.03

(2) 特殊排气形式是利用镶件 (镶针)、顶针、司筒针的配合间隙或专用的透气材料进行排气,如图1-91所示。

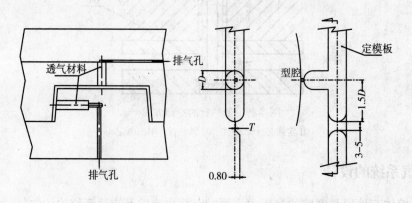

(a) 透气材料排气　　　　　　　(b) 流道排气

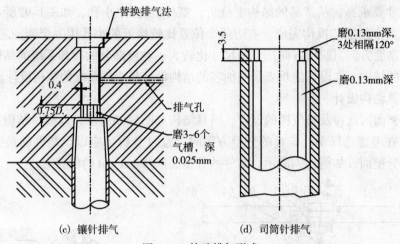

(c) 镶针排气　　　　　(d) 司筒针排气

图1-91　特殊排气形式

（3）排气槽位置的选择原则。排气槽位置的选择原则如下。

①排气槽出口不宜对着操作者方向，以免因溢料出现安全事故。

②排气槽最好开设在分型面上，因为分型面上排气槽产生的毛边很容易随塑件一起脱出。

③排气槽应尽量开设在型腔的一面，这样便于模具制造和清理。

④排气槽最好开设在靠近嵌件或壁厚最薄处，因为此处最容易形成熔接痕，熔接痕处应排尽气体和排出部分冷料。

⑤排气槽尽量开设在最后才能填充满的型腔部位，比如流道和冷料穴终端。

⑥塑料制品尺寸较深的型腔或筋位，其型腔或筋位的底部容易产生困气，可利用镶件缝隙排气。

1.3　二板模的实例详解

1.3.1　摩托车前壳模具的设计

1.3.1.1　塑件的成型工艺性分析

如图1-92所示，是一款摩托车前壳示意图，材料为ABS，缩水率为5/1000，产品成型

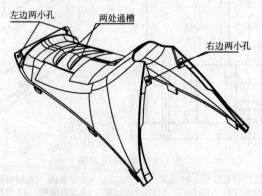

图1-92　摩托车前壳示意图

后对产品尺寸要求高，从产品的结构上分析，塑件上有4个小孔，如图1-92所示，左边的两个小孔用两个侧抽芯机构完成，右边两个位置比较接近的小孔用一个侧抽芯机构完成，由于塑件在高度方向（脱模方向）上的尺寸比较大，动模部分的冷却系统的结构形式采用隔片导流式的结构，本设计的难点是侧抽芯的结构设计和冷却系统的结构设计。

1.3.1.2 模具结构设计

（1）分型面的选择及排气槽的设计。模具结构如图1-93所示，该模具结构采用二板式模具结构，在考虑选择动、定模的分型方案时，经过分析，应以该塑件的最大轮廓处为动、定模的分型面，如图1-94所示，塑件的分型面选择在A—A的位置上。

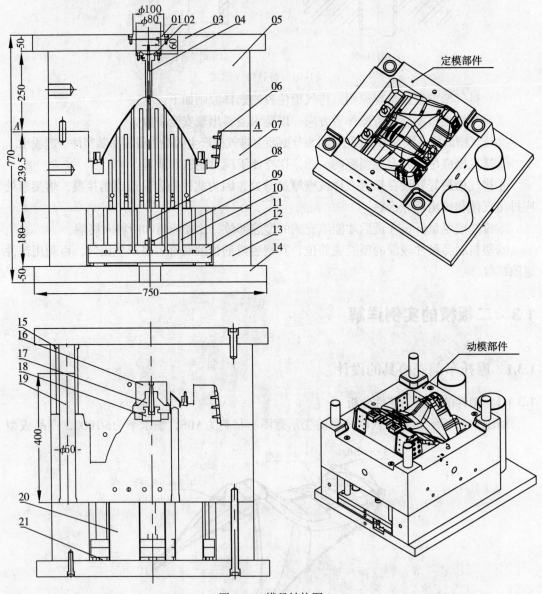

图1-93 模具结构图

01.定位圈 02.浇口套压板 03.顶板 04.浇口套 05.定模板 06.耐磨块 07.动模板
08.拉料杆 09.限位柱 10.顶针 11.顶针固定板 12.顶针底板 13.垫块 14.底板
15.导套 16.楔紧块 17.滑块 18.T形导滑块 19.导柱 20.支撑柱 21.垃圾钉

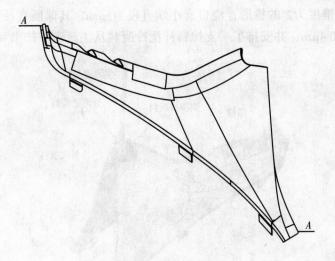

图1-94　分型面的位置

　　排气槽应开设在型腔最后被充满的地方，并设置在动模板上，动模板上的排气槽深度为0.015mm，宽度为4mm；以防溢流，排气槽与深0.5mm、宽6mm的引气槽相连接，通过直径为6mm的小孔引空气到模具外面。由于摩托车前壳有两处通槽，如图1-92所示，在模具设计时这两处地方的动、定模要碰穿，塑料流动到这两处时容易产生困气，所以在这些部位也要设置排气槽，如图1-95的动模镶件所示，在动模镶件的周边上开排气槽，深度为0.015mm，宽度为4mm，留长3mm的封胶位置，其余长度为深0.5mm、宽4mm的引气槽，在动模板上开一个直径为6mm的小孔引空气到模具外面。

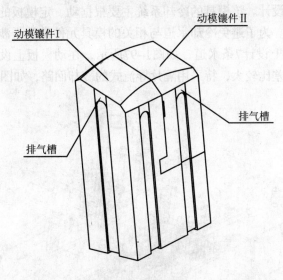

图1-95　动模镶件

　　(2) 浇注系统的设计。由于摩托车产品尺寸较大，所以该模具采用一模一腔的二板模结构及侧向扇形浇口的浇注系统。通过运用MoldFlow软件进行流动分析，得出如图1-96所示合理的流道系统形状和排布位置，并对浇口尺寸、流道尺寸进行了优化。在主浇口的末端设有冷料穴，以防浇口被熔融塑料前锋面上的冷料堵塞。由于该模具是二板模，将浇口套的流道设计成锥度为2°的锥形，浇口套小端直径为5mm，其球面直径为*SR*20mm，内表面粗糙度值为R_a0.4μm，并安排了一支拉料杆把冷凝料从主流道中拉出和把冷凝料从分流道中顶出。

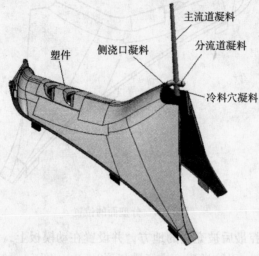

主流道凝料

分流道凝料

侧浇口凝料

塑件

冷料穴凝料

图1-96　浇注系统设计

（3）脱模机构的设计。由于塑件左边和右边各有两个小孔，为了便于脱模，决定采用斜导柱抽芯机构，同时为了使塑件从动模芯中脱模，决定增加20支顶针和1支拉料杆，顶针固定在顶针固定板上，斜导柱抽芯机构的结构设计见下文。整个脱模机构采用弹簧顶出复位系统，以确保顶出平稳、可靠。

（4）冷却系统的设计。该模的冷却系统主要根据动、定模板的结构特点以及模具元件的分布来布置水道。为了避免冷却水道与相关的模具元件发生干涉，而又不影响其冷却效果，决定在定模板上设计7条水道，如图1-97所示，在动模板上设计两条循环水道，由于动模板上型面的落差比较大，特采用隔片导流式的冷却回路，如图1-98所示。

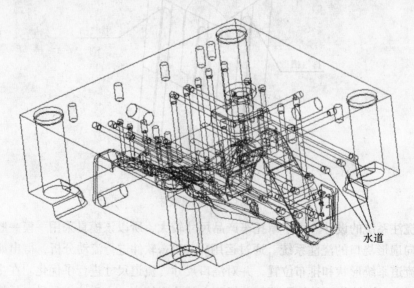

水道

图1-97　定模板的水道设计

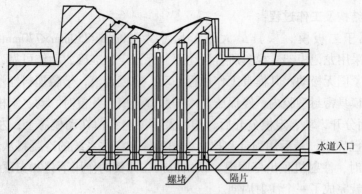

图1-98　动模板的水道设计

（5）斜导柱抽芯机构的结构设计。左边小孔抽芯机构的结构图，如图1-99所示，由斜销、压板、滑块I和滑块Ⅱ组成，其中斜销通过螺纹固定在定模板上，滑块在压板与动模板上形成的导滑槽内滑动；开模时，动、定模分开，斜销带动滑块往外滑动，滑块从塑件中脱离。右边小孔抽芯机构的结构图，如图1-100所示，由斜导柱、滑块和T形导滑块组成，其中斜导柱固定在定模板上，T形导滑块通过螺纹固定在动模板上；开模时，动、定模分开，斜导柱带动滑块在T形导滑块内向外滑动，滑块从塑件中脱离。

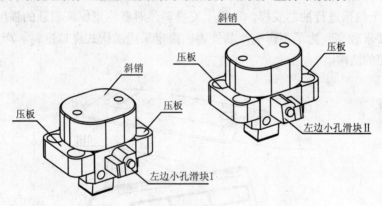

图1-99　左边小孔抽芯机构的结构图

图1-100　右边小孔抽芯机构的结构图

1.3.1.3 模具结构及工作过程

该模具属于二板模，模具最大外形尺寸为920mm×750mm×770mm，顶出距离为100mm，模架采用龙记模架，模具所有活动部分保证定位准确，动作可靠，不得有卡滞现象，固定零件紧固无松动。其模具工作过程：动、定模合模，熔融塑料经塑化、计量后通过注射机注入模具密封型腔内，经保压、冷却后，开模。开模时，动、定模具分开，即图1-93中A—A面分开，动、定模分开后，塑件及冷凝料都留在动模芯上；左右两侧滑块的侧抽芯动作也已完成，最后用顶针和拉料杆把塑件和浇注系统的冷凝料从动模芯中顶出；动、定模合模时，注射机顶出杆回退，顶出机构在弹簧的作用下将20支顶针和1支拉料杆等复位，这样就完成了一个注射周期。

1.3.2 手机电池盖模具的设计

1.3.2.1 塑件的成型工艺性分析

塑件如图1-101所示，是一款手机电池盖，材料为PC+ABS，缩水率为5/1000，产品成型后不仅对产品尺寸要求高，而且还要求表面平整、光洁，无影响外观的缩水痕、熔接痕、缺料、飞边、裂纹和变形等工艺缺陷。从产品的结构上分析，塑件端面有2处倒扣，塑件底部有8处倒扣，所以端面的两个倒扣安排2个斜导柱进行侧抽芯脱模，底部的倒扣在动模上安排6个斜顶进行抽芯脱模。动模上安排斜顶时要注意保证斜顶的强度。由于手机产品对外观要求较高，为了不影响产品外观，决定采用潜伏式浇口进料。产品尺寸不大，采用一模两腔的结构。

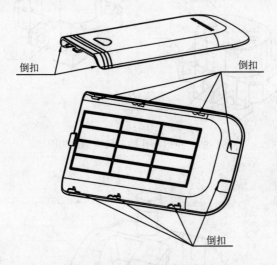

图1-101 手机电池盖示意图

1.3.2.2 模具结构设计

（1）分型面的选择及排气槽设计。模具结构如图1-102所示，该模具结构采用二板式潜伏式浇口结构，在考虑选择动、定模的分型方案时，经过分析，应以该塑件的最大轮廓处为动、定模的分型面，如图1-103所示。

排气槽主要设置在定模芯上，如图1-104所示，排气槽设置的位置选在熔融塑料体的

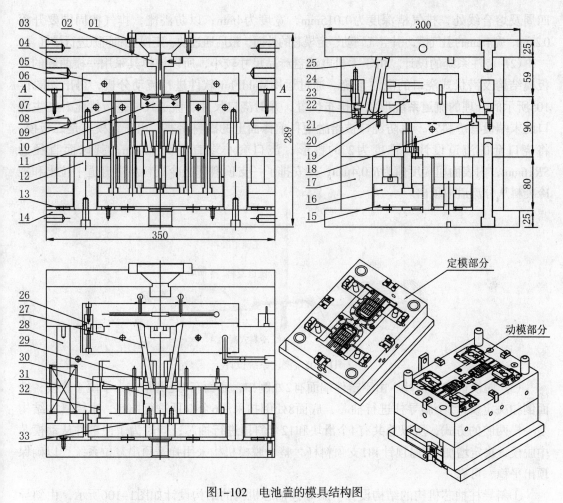

图1-102　电池盖的模具结构图

01.定位圈　02.浇口套　03.顶板　04.定模板　05.定模芯　06.方定位器　07.动模芯　08.动模板
09.方顶针　10.浇口镶件　11.顶料杆　12.支撑柱　13.垃圾钉　14.底板　15.顶针底板　16.顶针固定板
17.垫块　18.定位波珠　19.滑块镶件　20.滑块　21.耐磨块Ⅱ　22.定位销　23.耐磨块Ⅰ　24.楔紧块
25.斜导柱　26.圆定位器　27.动模斜顶　28.弹簧导杆　29.斜顶导板　30.斜顶导杆　31.弹簧
32.限位柱　33.导杆压板

图1-103　分型面位置

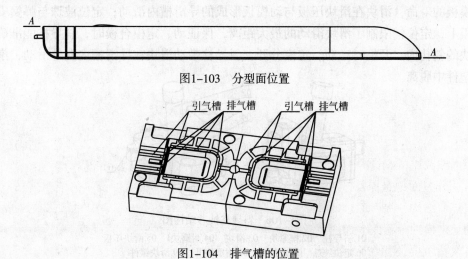

图1-104　排气槽的位置

四周及熔合线处，排气槽深度为0.015mm，宽度为4mm；以防溢流，排气槽周围要开深0.2mm、宽4mm的引气槽，引空气到动、定模芯的外面，最后通过动、定模板的间隙进行排气。

（2）浇注系统的设计。由于手机电池盖产品尺寸较小，所以该模具采用一模两腔的二板模结构及潜伏式浇口的浇注系统。通过运用MoldFlow软件进行流动分析，得出如图1–105所示的合理的流道系统形状和排布位置，并对浇口尺寸、流道尺寸进行优化。在主浇口的末端设有冷料穴，以防浇口被熔融塑料前锋面上的冷料堵塞。由于该模具是二板模，将浇口套的流道设计成锥度为2°的锥形，浇口套小端直径为3.5mm，其球面直径为$SR16mm$，内表面粗糙度值为$R_a0.4\mu m$，并安排了一支顶料杆把冷凝料从主流道中拉出和把冷凝料从分流道中顶出。

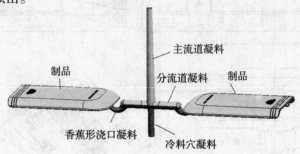

图1–105　浇注系统设计

（3）脱模机构的设计。由于塑件端面有2处倒扣，底面有8处倒扣，为了便于脱模，端面倒扣决定设计2个斜导柱进行抽芯，底面8处倒扣采用6个斜顶进行抽芯，本模具的结构是一模两腔的方式，所以总共有4个滑块和12个斜顶进行抽芯；同时为了使塑件从动模芯中脱模，决定增加4支扁顶针和1支顶料杆，整个脱模机构采用弹簧顶出复位系统，以确保顶出平稳、可靠。

①斜导柱抽芯机构的结构设计。斜导柱抽芯机构的结构设计如图1–106所示，由斜导柱、楔紧块、滑块、滑块镶件、耐磨块I、滑块压板、定位波珠、定位销、耐磨块Ⅱ等组成。斜导柱固定在定模板上，楔紧块通过螺纹固定在定模板上，滑块镶件用螺纹固定在滑块上，耐磨块I用螺纹固定在滑块上，耐磨块Ⅱ用螺纹固定在动模板上，是为了保证滑块和动模板的寿命，滑块在滑块压板与动模板形成的导滑槽内滑动；定位波珠与弹簧安装在动模板上，定位销限制了滑块滑动的最大距离，保证动、定模合模时，斜导柱能准确地进入滑块的斜孔内。开模时，动、定模分开，斜导柱带动滑块在导滑槽内向外滑动，滑块镶件从塑件中脱离。

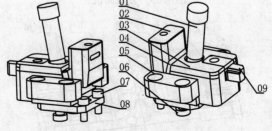

图1–106　斜导柱抽芯结构图
01.斜导柱　02.楔紧块　03.滑块　04.耐磨块I　05.滑块压板
06.定位波珠　07.定位销　08.耐磨块Ⅱ　09.滑块镶件

②斜顶的结构设计。斜顶的结构设计如图1-107所示，由动模斜顶、斜顶导板、斜顶导杆和导杆压板等组成。动模斜顶在动模芯的斜孔内滑动，动模斜顶的材料是进口模具钢8407，表面氮化，周边开有油槽；斜顶导板用螺纹固定在动模板上，斜顶导板的材料是锡青铜；斜顶导板给斜顶导杆起导向作用，在动模板上要有斜顶导杆运动的避空位，斜顶导杆与导杆压板用螺纹固定在一起，并安装在顶针固定板上。当顶针底板向上运动时，推动斜顶导杆向上运动，向上运动中动模斜顶在导杆的T形导滑槽内移动，并推动斜顶导杆沿动模芯内的斜孔运动，使动模斜顶从塑件中脱离。

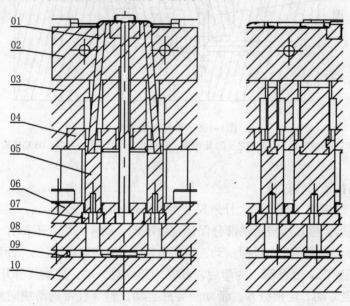

图1-107　动模斜顶结构图

01.动模斜顶　02.动模芯　03.动模板　04.斜顶导板　05.斜顶导杆
06.顶针固定板　07.导杆压板　08.顶针底板　09.垃圾钉　10.底板

③扁顶针的结构设计。扁顶针的结构设计如图1-108所示。

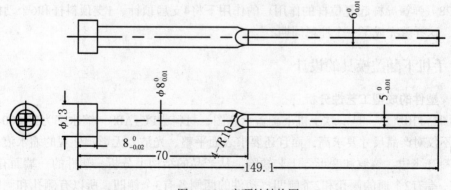

图1-108　扁顶针结构图

（4）冷却系统的设计。该模具的冷却系统主要根据动、定模芯的结构特点以及模具元件的分布来布置水道。为了避免冷却水道与相关的模具元件发生干涉，而又不影响其冷却效果，决定在动模芯上设计4条二进二出的内循环式冷却水道，在定模芯上设计2条一进一出的内循环式冷却水道，为了防止漏水，在动、定模板上开设密封槽，采用O形密封圈进行密封，水管接头安装在动、定模板上，如图1-109所示。

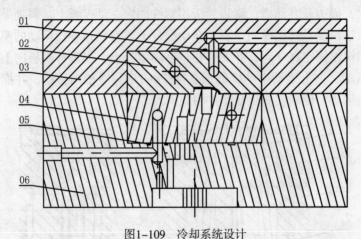

图1-109　冷却系统设计

01.O形密封圈　02.定模芯　03.定模板　04.动模芯　05.O形密封圈　06.动模板

1.3.2.3　模具结构及工作过程

　　该模具属于二板模，模具最大外形尺寸为350mm×300mm×289mm，顶出距离为30mm，模架采用龙记模架，模具所有活动部分保证定位准确，动作可靠，不得有卡滞现象，固定零件紧固无松动。其模具工作过程：动、定模合模，熔融塑料经塑化、计量后通过注射机注入模具密封型腔内，经保压、冷却后，开模。开模时，动、定模具分开，即图1-102中A—A面分开，也即动、定模分开，带动斜导柱运动，斜导柱带动滑块向外运动，动、定模分开后，塑件及冷凝料都留在动模芯上；左右两侧滑块的侧抽芯动作也已完成，滑块镶件从塑件中脱离；最后在注射机顶出杆的作用下，顶针底板和顶针固定板带动顶针、斜顶和顶料杆一起运动，运动过程中斜顶从塑件脱离开，顶针和顶料杆一起把塑件和浇注系统的冷凝料从动模芯中顶出。动、定模合模时，注射机顶出杆回退，顶出机构在弹簧31和弹簧导杆28（弹簧导杆起复位杆的作用）的作用下将4支扁顶针、1支顶料杆和6个动模斜顶等复位，这样就完成了一个注射周期。

1.3.3　手机下翻盖模具的设计

1.3.3.1　塑件的成型工艺性分析

　　如图1-110所示，是一款手机下翻盖示意图，材料为PC+ABS，缩水率为5/1000，产品成型后不仅对产品尺寸要求高，而且还要求表面平整、光洁，无影响外观的缩水痕、熔接痕、缺料、飞边、裂纹和变形等工艺缺陷。从产品的结构上分析，塑件的一端面有2处侧凹，另一端有2个通的侧孔和2个侧凹，塑件的两侧各有3个侧凹，所以有侧孔和侧凹的部位都要安排斜导柱侧抽芯机构脱模，根据本款手机下翻盖的结构尺寸，决定把侧边的3个侧凹和1个侧孔合并成一个滑块设计，端面的2个侧凹合并成一个滑块设计，所以共有4个斜导柱抽芯机构；由于手机产品对外观要求较高，为了不影响产品外观，决定采用潜伏式浇口进料。

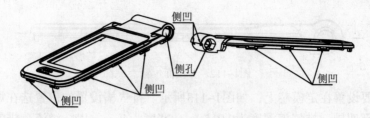

图1-110　手机下翻盖示意图

1.3.3.2　模具结构设计

（1）分型面的选择及排气槽设计。下翻盖模具结构如图1-111所示，该模具结构采用二板式潜伏式浇口结构，在考虑选择动、定模的分型方案时，经过分析，应以该塑件的最大轮廓处为动、定模的分型面，如图1-112所示。

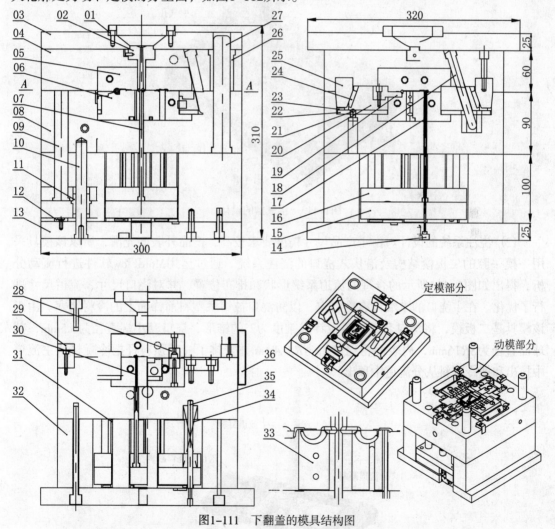

图1-111　下翻盖的模具结构图

01.定位圈　02.浇口套　03.顶板　04.定模板　05.定模芯　06.动模板　07.顶料杆　08.动模板
09.复位杆　10.顶针板导柱　11.导套　12.垃圾钉　13.底板　14.司筒针压板　15.顶针底板
16.顶针固定板　17.司筒针　18.斜导柱　19.滑块镶件　20.滑块　21.定位波珠　22.耐磨块
23.定位销　24.耐磨块　25.楔紧块　26.导套　27.导柱　28.圆定位器　29.方定位器
30.扁顶针　31.支撑柱　32.垫块　33.浇口镶件　34.弹簧　35.弹簧导杆　36.锁模块

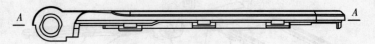

图1-112 分型面位置

排气槽主要设置在定模芯上，如图1-113所示。排气槽设置的位置选在熔融塑料体的外部四周及内部四周，排气槽深度为0.015mm，宽度为4mm，以防溢流，排气槽周围要开深0.5mm、宽4mm的引气槽，外部四周的排气槽通过引气槽引空气到动、定模芯的外面，最后通过动、定模板的间隙进行排气，内部四周的排气槽通过引气孔引气体到定模芯的背面，定模芯的背面开两条与孔通的引气槽，引气槽深为0.5mm，宽度为4mm，引空气到动、定模芯的外面。

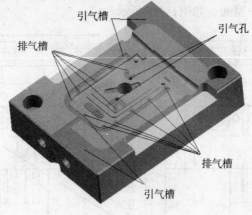

图1-113 排气槽的设计

(2) 浇注系统的设计。由于产品尺寸精度要求较高，产品外表面光滑，所以该模具采用一模一腔的二板模结构及潜伏式浇口的浇注系统。通过运用MoldFlow软件进行流动分析，得出如图1-114所示的合理的流道系统形状和排布位置，并对浇口尺寸、流道尺寸进行了优化。在主浇口的末端设有冷料穴，以防浇口被熔融塑料前锋面上的冷料堵塞。由于该模具是二板模，将浇口套的流道设计成锥度为2°的锥形，浇口套小端直径为3.5mm，其球面直径为$SR16$mm，内表面粗糙度值为$R_a0.4\mu$m，并安排了一支顶料杆把冷凝料从主流道中拉出和把冷凝料从分流道中顶出。

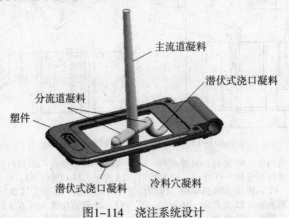

图1-114 浇注系统设计

(3) 脱模机构的设计。由于塑件两端面各有2处侧凹，两侧面各有3处侧凹和1个侧孔，为了便于脱模，侧凹和侧孔处决定设计斜导柱进行抽芯，根据塑件的结构端面的2处侧凹设计成1个斜导柱抽芯机构，用1根斜导柱进行抽芯；侧面的3处侧凹和1个侧孔设计成1个斜导柱抽芯机构，用2根斜导柱进行抽芯；所以总共有4个斜导柱抽芯机构进行抽芯。同时为了使塑件从动模芯中脱模，决定增加4支圆顶针、5支扁顶针、1支顶料杆和2支司筒针，整个脱模机构采用弹簧顶出复位系统，以确保顶出平稳、可靠。

①端面的斜导柱抽芯机构的结构设计。斜导柱抽芯机构的结构设计如图1-115所示，由斜导柱、楔紧块、滑块、滑块镶件、耐磨块Ⅰ、滑块压板、弹簧孔、定位销、耐磨块Ⅱ等组成。斜导柱固定在定模板上，楔紧块通过螺纹固定在定模板上，滑块镶件用螺纹固定在滑块上并要定位，耐磨块Ⅰ用螺纹固定在滑块上，耐磨块Ⅱ用螺纹固定在动模板上，是为了保证滑块和动模板的寿命，滑块在滑块压板与动模板形成的导滑槽内滑动；弹簧安装在滑块的弹簧孔内，定位销限制滑块滑动的最大距离，保证动、定模合模时，斜导柱能准确地进入滑块的斜孔内。开模时，动、定模分开，斜导柱带动滑块在导滑槽内向外滑动，滑块镶件从塑件中脱离。

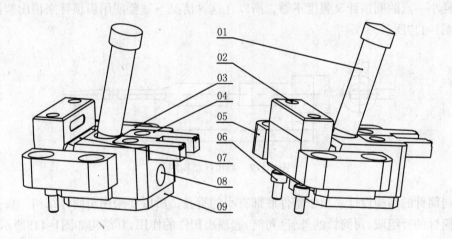

图1-115 端面的斜导柱抽芯结构图

01.斜导柱 02.楔紧块 03.滑块 04.滑块镶件 05.滑块压板
06.定位销 07.耐磨块Ⅰ 08.弹簧孔 09.耐磨块Ⅱ

②侧面的斜导柱抽芯机构的结构设计。斜导柱抽芯机构的结构设计如图1-116所示，由斜导柱、楔紧块、滑块、侧孔的滑块镶件、3个侧凹的滑块镶件、耐磨块Ⅰ、滑块压板、定位波珠、定位块、耐磨块Ⅱ等组成。斜导柱固定在定模板上，楔紧块通过螺纹固定在定模板上；滑块镶件用螺纹固定在滑块上，由于滑块比较长，带动的滑块镶件比较多，为了保证斜导柱的强度、抽芯力的均匀和抽芯动作的平稳，特采用两根斜导柱；耐磨块Ⅰ用螺纹固定在滑块上，耐磨块Ⅱ用螺纹固定在动模板上，是为了保证滑块和动模板的寿命，滑块在滑块压板与动模板形成的导滑槽内滑动；定位波珠与弹簧安装在动模板上，定位块限制了滑块滑动的最大距离，保证动、定模合模时，斜导柱能准确地进入滑块的斜孔内。开模时，动、定模分开，斜导柱带动滑块在导滑块内向外滑动，滑块镶件从塑件中脱离。

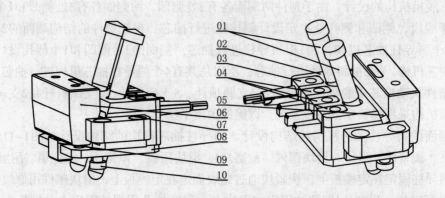

图1-116　侧面的斜导柱抽芯结构图

01.斜导柱　02.滑块　03.侧孔的滑块镶件　04.3个侧凹的滑块镶件　05.耐磨块Ⅰ
06.楔紧块　07.滑块压板　08.耐磨块Ⅱ　09.定位块　10.定位波珠

③扁顶针的结构设计。由于塑件的边缘比较小，选用直径大一点的圆顶针位置不够，选用直径小一点的圆顶针又强度不够，所以在这种情况下就要使用扁顶针来顶出塑件，其结构如图1-117所示。

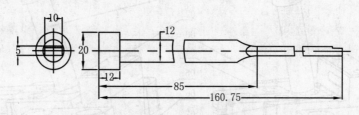

图1-117　扁顶针结构图

④司筒针的结构设计。由于塑件底部有小的盲孔，所以要采用司筒针结构，盲孔的形状由司筒针的针组成，司筒针的外管（司筒）起顶出塑件的作用，其结构如图1-118所示。

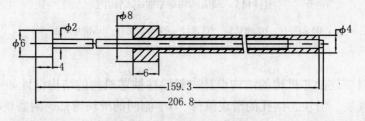

图1-118　司筒针结构图

（4）冷却系统的设计。该模具的冷却系统主要根据动、定模芯的结构特点以及模具元件的分布来布置水道。为了避免冷却水道与相关的模具元件发生干涉，而又不影响其冷却效果，决定在动模芯上设计2条一进一出的内循环式冷却水道，在定模芯上设计2条一进一出的内循环式冷却水道，为了防止漏水，在动、定模板上开设密封槽，采用O形密封圈进行密封，水管接头安装在动、定模板上，如图1-119所示。

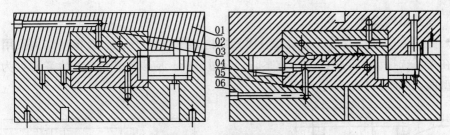

图1-119　冷却系统设计

01.定模板　02.O形密封圈　03.定模芯　04.动模芯　05.O形密封圈　06.动模板

1.3.3.3　模具结构及工作过程

　　该模具属于二板模，模具最大外形尺寸为320mm×300mm×310mm，顶出距离为30mm，模架采用龙记模架，模具所有活动部分保证定位准确，动作可靠，不得有卡滞现象，固定零件紧固无松动。其模具工作过程：动、定模合模，熔融塑料经塑化、计量后通过注射机注入模具密封型腔内，经保压、冷却后，开模。开模时，动、定模具分开，即图1-111中A—A面分开，也即动、定模分开，带动斜导柱运动，斜导柱带动滑块向外运动，动、定模分开后，塑件及冷凝料都留在动模芯上；两端面及左右两侧滑块的侧抽芯动作也已完成，滑块镶件从塑件中脱离；最后在注射机顶出杆的作用下，顶针底板和顶针固定板带动顶针、司筒和拉料杆一起运动，运动过程中斜顶从塑件脱离开，顶针、司筒和顶料杆一起把塑件和浇注系统的冷凝料从动模芯中顶出。动、定模合模时，注射机顶出杆回退，顶出机构在弹簧34和弹簧导杆35的作用下将4支圆顶针、5支扁顶针、1支顶料杆和2支司筒等复位，这样就完成了一个注射周期。

1.3.4　手机小机架模具的设计

1.3.4.1　塑件的成型工艺性分析

　　如图1-120所示，是一款手机上的小机架，材料为PC+ABS，缩水率为5/1000，产品成型后不仅对产品尺寸要求高，而且还要求表面平整、光洁，无影响外观的缩水痕、熔接痕、缺料、飞边、裂纹和变形等工艺缺陷。从产品的结构上分析，本塑件结构简单、尺寸小，所以采用一般的二板模具结构设计，采用底部搭边式侧浇口进料。

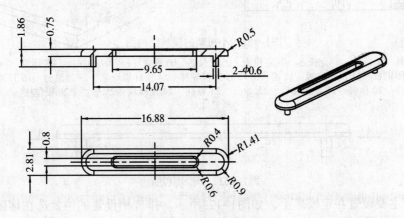

图1-120　手机小机架图

1.3.4.2 模具结构设计

（1）分型面的选择及排气槽设计。模具结构如图1-121所示，该模具结构采用二板模结构，在考虑选择动、定模的分型方案时，经过分析，应以该塑件的最大轮廓处为动、定模的分型面，如图1-122所示。

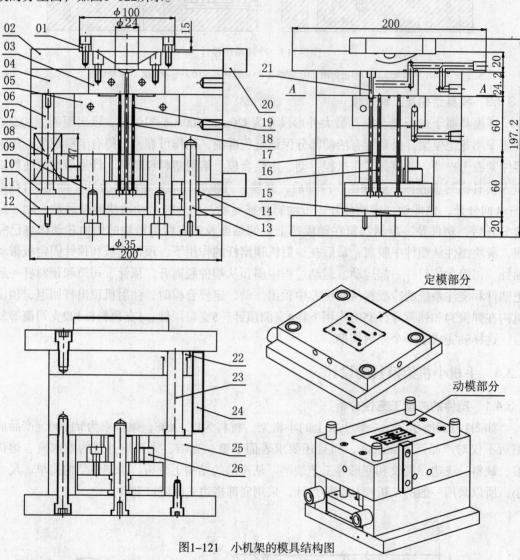

图1-121 小机架的模具结构图

01.定位圈 02.顶板 03.定模芯 04.定模板 05.动模芯 06.弹簧导杆 07.动模板 08.弹簧 09.支撑柱
10.顶针固定板 11.顶针底板 12.底板 13.顶针板导柱 14.顶针板导套 15.垃圾钉 16.17.19.顶针
18.顶料杆 20.模脚 21.定模镶针 22.导套 23.导柱 24.锁模块 25.垫块 26.限位柱

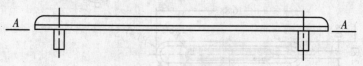

图1-122 分型面位置

排气槽主要设置在定模芯上，如图1-123所示。排气槽设置的位置选在熔融塑料体的外部，排气槽深度为0.015mm，宽度为3mm，以防溢流，排气槽周围要开深0.5mm、宽3mm

的引气槽，引气槽通过直径为φ3mm的引气孔把气体引到定模芯的背面，再通过背面的引气槽引空气到动、定模芯的外面，最后通过动、定模板的间隙进行排气。

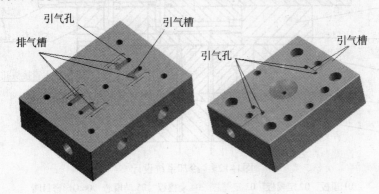

图1-123　排气槽的设计

（2）浇注系统的设计。由于产品尺寸较小，为了提高生产效率，所以该模具采用一模四腔的二板模结构及搭边式两侧浇口的浇注系统。通过运用MoldFlow软件进行流动分析，得出如图1-124所示的合理的流道系统形状和排布位置，并对浇口尺寸、流道尺寸进行了优化，为了保证均衡进料，特采用如图1-124所示的塑件两边同时进料的方式；主流道直接设计在定模芯上，不另外增加浇口套，主流道设计成锥度为2°的锥形，主流道小端直径为3mm，其球面直径为$SR16$mm，内表面粗糙度值为$R_a0.4\mu$m，分流道的截面形状为U形，截面尺寸为上边长2.58mm、两边夹角为20°、高度为2.5mm。

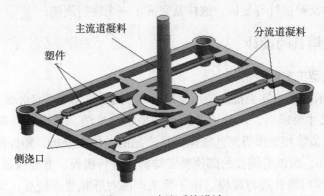

图1-124　浇注系统设计

（3）脱模机构的设计。从动、定模芯的形状上分析，定模芯与塑件的接触面积大于动模芯与塑件的接触面积，为了使塑件留在动模芯上，便于脱模机构的设计，特增加如图1-124所示的分流道；同时为了使塑件从动模芯中脱模，决定用13支圆顶针把塑件从动模芯中顶出，顶针安装在顶针固定板上，整个脱模机构采用弹簧顶出复位系统，以确保顶出平稳、可靠。

（4）冷却系统的设计。该模具的冷却系统主要根据动、定模芯的结构特点以及模具元件的分布来布置水道。为了避免冷却水道与相关的模具元件发生干涉，而又不影响其冷却效果，决定在动模芯上设计2条一进一出的内循环式冷却水道，在定模芯上设计2条一进一出的内循环式冷却水道，为了防止漏水，在动、定模板上开设密封槽，采用O形密封圈进行密封，水管接头安装在动、定模板上，如图1-125所示。

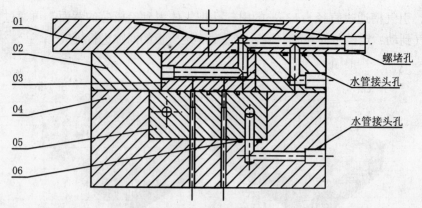

图1-125 冷却系统设计

01.顶板 02.定模板 03.定模芯 04.动模板 05.动模芯 06.O形密封圈

1.3.4.3 模具结构及工作过程

　　该模具属于二板模，模具最大外形尺寸为200mm×200mm×197.2mm，顶出距离为12mm，模架采用龙记模架，模具所有活动部分保证定位准确，动作可靠，不得有卡滞现象，固定零件紧固无松动。其模具工作过程：动、定模合模，熔融塑料经塑化、计量后通过注射机注入模具密封型腔内，经保压、冷却后，开模。开模时，动、定模具分开，即图1-121中*A*—*A*面分开，也即动、定模分开，塑件及冷凝料都留在动模芯上，最后在注射机顶出杆的作用下，顶针底板和顶针固定板带动所有顶针一起运动，把塑件和浇注系统的冷凝料从动模芯中顶出。动、定模合模时，注射机顶出杆回退，顶出机构在弹簧08和弹簧导杆06的作用下将13支圆顶针等复位，这样就完成了一个注射周期。

1.3.5 手机上壳模具的设计

1.3.5.1 塑件的成型工艺性分析

　　如图1-126所示，是一款手机上壳示意图，材料为PC+ABS，缩水率为5/1000，产品成型后不仅对产品尺寸要求高，而且还要求表面平整、光洁，无影响外观的缩水痕、熔接痕、缺料、飞边、裂纹和变形等工艺缺陷。从产品的结构上分析，塑件的底部有5处倒扣，底部有4处小柱位孔，所以有倒扣的部位要安排斜顶进行脱模，并要保证斜顶的强度足够；4处小柱位孔要安排司筒针进行脱模，由于手机产品对外观要求较高，为了不影响产品外观，决定采用潜伏式浇口进料。

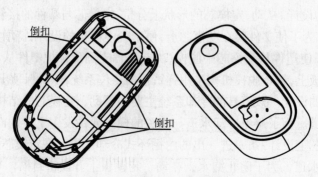

图1-126 手机上壳示意图

1.3.5.2 模具结构设计

（1）分型面的选择及排气槽设计。模具结构如图1-127所示，该模具结构采用二板式潜伏式浇口结构，在考虑选择动、定模的分型方案时，经过分析，应以该塑件的最大轮廓处为动、定模的分型面，如图1-128所示。

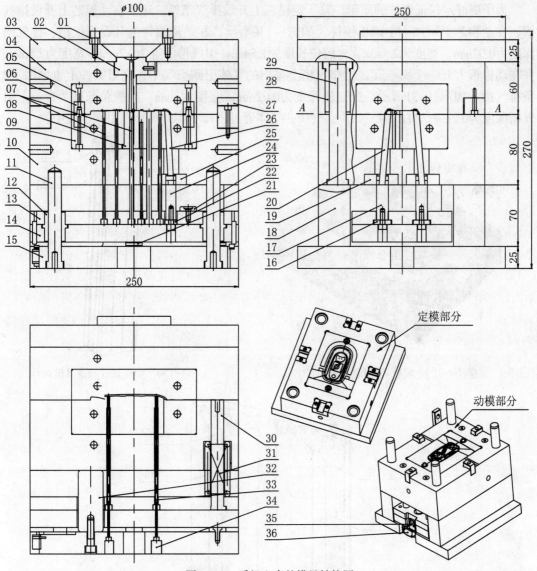

图1-127 手机上壳的模具结构图

01.定位圈　02.浇口套　03.顶板　04.定模板　05.定模芯　06.圆定位器　07.顶针　08.浇口镶件　09.动模芯　10.动模板　11.顶针板导柱　12.顶针板导套　13.顶针固定板　14.顶针底板　15.底板　16.导杆压板　17.斜顶导杆　18.垫块　19.斜顶导板　20.动模斜顶　21.垃圾钉　22.导杆压板　23.限位块　24.斜顶导杆　25.斜顶导板　26.动模斜顶　27.方定位器　28.导套　29.导柱　30.弹簧导杆　31.弹簧　32.支撑柱　33.司筒针　34.司筒针压板　35.行程开关压板　36.行程开关

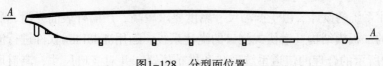

图1-128 分型面位置

排气槽主要设置在定模芯上，如图1-129所示，排气槽设置的位置选在熔融塑料体的外部四周，排气槽深度为0.015mm，宽度为4mm，以防溢流，排气槽周围要开深0.5mm、宽4mm的引气槽，外部四周的排气槽通过引气槽引空气到动、定模芯的外面，最后通过动、定模板的间隙进行排气。

为了更好地保证塑件的质量，除了定模芯上开设排气槽外，还要在动模芯上开设排气槽，在动模芯上增加一个动模镶件，如图1-130所示，在动模镶件上开设排气槽，排气槽深度为0.02mm，宽度为2.5mm，封胶位长度为1.5mm，引气槽深度为0.2mm，宽度为2.5mm，并在动模板上开一个引气孔，把排气槽上排出的气体引到空气中；浇口镶件上也增加了2条排气槽，如图1-131所示，排气槽深度为0.02mm，宽度为3mm，封胶位长度为3mm，引气槽深度为0.2mm，宽度为3mm，引气槽的气体通过浇口中间的顶针孔引到空气中。

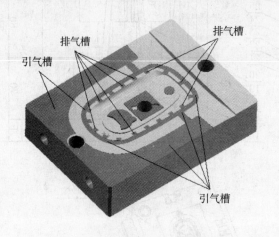

图1-129 定模芯的排气槽设计

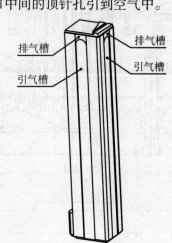

图1-130 动模镶件的排气槽设计

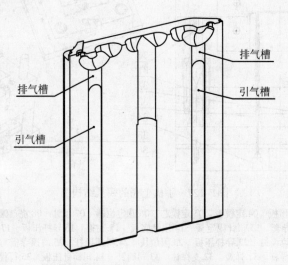

图1-131 浇口镶件的排气槽设计

（2）浇注系统的设计。由于产品尺寸精度要求较高，产品外表面光滑，所以该模具采用一模一腔的二板模结构及潜伏式浇口的浇注系统。运用MoldFlow软件进行流动分析，得出如图1-132所示的合理的流道系统形状和排布位置，并对浇口尺寸、流道尺寸进行了优化。在主浇口的末端设有冷料穴，以防浇口被熔融塑料前锋面上的冷料堵塞。由于该模具是二板模，将浇口套的流道设计成锥度为2°的锥形，浇口套小端直径为3.5mm，其球面直径为$SR16$mm，内表面粗糙度值为$R_a0.4\mu$m，并安排了1支顶料杆把冷凝料从主流道中拉出，把冷凝料从分流道中顶出。

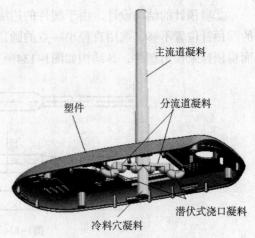

图1-132　浇注系统设计

（3）脱模机构的设计。由于塑件的底部有5处倒扣，底部有4处小柱位孔，所以有倒扣的部位要安排斜顶进行脱模，并要保证斜顶的强度足够，本副模具设计5个动模斜顶进行脱模；4处小柱位孔要安排4支司筒针进行脱模；同时为了使塑件从动模芯中脱模，决定增加4支圆顶针、3支扁顶针和1支顶料杆，整个脱模机构采用弹簧顶出复位系统，以确保顶出平稳、可靠。

①斜顶的结构设计。斜顶的结构设计如图1-133所示，由动模斜顶、斜顶导板、斜顶导杆和导杆压板等组成。动模斜顶在动模芯的斜孔内滑动，动模斜顶的材料是进口模具钢8407，表面氮化，周边开有油槽；斜顶导板用螺纹固定在动模板上，斜顶导板的材料是锡青铜；斜顶导板给斜顶导杆起导向作用，在动模板上要有斜顶导杆运动的避空位，斜顶导杆与导杆压板用螺纹固定在一起，并安装在顶针固定板上。当顶针底板向上运动时，推动斜顶导杆向上运动，向上运动中动模斜顶在导杆的T形或7字形导滑槽内移动，并推动斜顶沿动模芯内的斜孔运动，使动模斜顶从塑件中脱离。

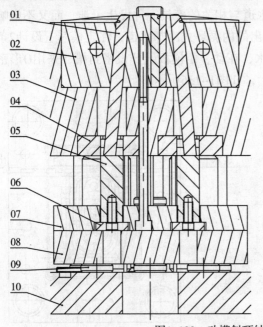
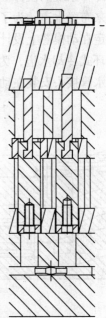

图1-133　动模斜顶结构图

01.动模斜顶　02.动模芯　03.动模板　04.斜顶导板　05.斜顶导杆
06.导杆压板　07.顶针固定板　08.顶针底板　09.垃圾钉　10.底板

②扁顶针的结构设计。由于塑件的边缘比较小，而且边缘还是斜面，选用直径大一点的圆顶针位置不够，选用直径小一点的圆顶针又强度不够，所以在这种情况下就要使用斜面扁顶针来顶出塑件，其结构如图1-134所示。

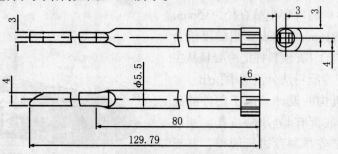

图1-134 扁顶针结构图

③司筒针的结构设计。由于塑件底部有小的盲孔，所以要采用司筒针结构，盲孔的形状由司筒针的针组成，司筒针的外管（司筒）起顶出塑件的作用，其结构如图1-135所示。

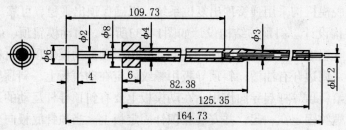

图1-135 司筒针结构图

（4）冷却系统的设计。该模具的冷却系统主要根据动、定模芯的结构特点以及模具元件的分布来布置水道。为了避免冷却水道与相关的模具元件发生干涉，而又不影响其冷却效果，决定在动模芯上设计2条一进一出的内循环式冷却水道，在定模芯上设计2条一进一出的内循环式冷却水道，为了防止漏水，在动、定模板上开设密封槽，采用O形密封圈进行密封，水管接头安装在动、定模板上，如图1-136所示。

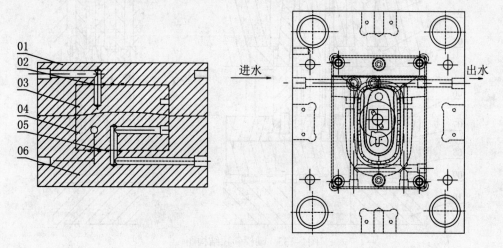

图1-136 冷却系统设计

01.定模板 02、05.O形密封圈 03.定模芯 04.动模芯 06.动模板

1.3.5.3　模具结构及工作过程

该模具属于二板模，模具最大外形尺寸为250mm×250mm×270mm，顶出距离为25mm，模架采用龙记模架，模具所有活动部分保证定位准确，动作可靠，不得有卡滞现象，固定零件紧固无松动。其模具工作过程：动、定模合模，熔融塑料经塑化、计量后通过注射机注入模具密封型腔内，经保压、冷却后，开模。开模时，动、定模具分开，即图1-127中A—A面分开，也即动、定模分开，塑件及冷凝料都留在动模芯上，最后在注射机顶出杆的作用下，顶针底板和顶针固定板带动顶针、斜顶和顶料杆一起运动，运动过程中斜顶从塑件脱离开，顶针和顶料杆一起把塑件和浇注系统的冷凝料从动模芯中顶出。动、定模合模时，注射机顶出杆回退，顶出机构在弹簧31和弹簧导杆30（弹簧导杆起复位杆的作用）的作用下将4支圆顶针、3支扁顶针、1支顶料杆、4支司筒针和5个动模斜顶等复位，这样就完成了一个注射周期。

1.3.6　手机电池扣模具的设计

1.3.6.1　塑件的成型工艺性分析

塑件如图1-137所示，是一款手机上的电池扣，材料为PC+ABS，缩水率为5/1000，产品成型后不仅对产品尺寸要求高，而且还要求表面平整、光洁，无影响外观的缩水痕、熔接痕、缺料、飞边、裂纹和变形等工艺缺陷。从产品的结构上分析，塑件的外部有一圈侧凹，所以有侧凹的部位要安排侧抽芯机构进行脱模，本塑件结构简单、尺寸小，所以采用一般的二板模具结构设计，采用扇形侧浇口进料。

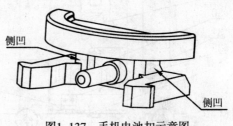

图1-137　手机电池扣示意图

1.3.6.2　模具结构设计

（1）分型面的选择及排气槽设计。模具结构如图1-138所示，该模具结构采用二板式侧浇口结构，在考虑选择动、定模的分型方案时，经过分析，应以该塑件的最大轮廓处为动、定模的分型面，如图1-139所示。

排气槽主要设置在定模芯上，如图1-140所示，排气槽设置的位置选在熔融塑料体的四周及熔合线处，排气槽深度为0.015mm，宽度为4mm，以防溢流，排气槽外边要开深0.2mm、宽4mm的引气槽，并通过斜导柱与滑块孔的间隙引空气到动、定模芯的外面，最后通过动、定模板的间隙进行排气。

（2）浇注系统的设计。由于产品尺寸较小，为了提高生产效率，所以该模具采用一模两腔的二板模结构及扇形侧浇口的浇注系统。通过运用MoldFlow软件进行流动分析，得出如图1-141所示的合理的流道系统形状和排布位置，并对浇口尺寸、流道尺寸进行了优化。在主浇口的末端设有冷料穴，以防浇口被熔融塑料前锋面上的冷料堵塞。由于该模具是二板模，将浇口套的流道设计成锥度为2°的锥形，浇口套小端直径为3.5mm，其球面直径为$SR16mm$，内表面粗糙度值为$R_a0.4\mu m$，并安排了一支拉料杆把冷凝料从主流道中拉出，把冷凝料从分流道中顶出。

（3）脱模机构的设计。由于塑件的外部有一圈侧凹，所以有侧凹的部位要安排侧抽芯

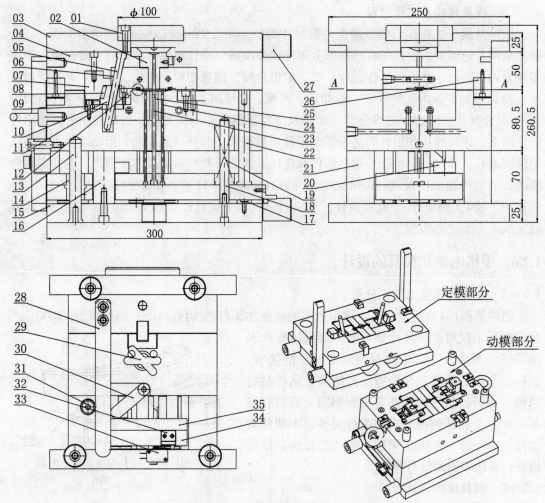

图1-138 手机电池扣的模具结构图

01.定位圈 02.浇口套 03.顶板 04.定模板 05.斜导柱 06.定模芯 07.楔紧块 08.耐磨块I 09.定位销 10.滑块 11.耐磨块II 12.滑块镶件 13.顶针板导柱 14.顶针板导套 15.底板 16.支撑柱 17.垃圾钉 18.弹簧导杆 19.弹簧 20.限位柱 21.垫块 22.复位杆 23.拉料杆 24.顶针 25.动模镶件 26.方定位器 27.模脚 28.先复位推杆 29.吊环 30.先复位摆杆 31.推杆导向套 32.行程开关限位块 33.行程开关 34.顶针底板 35.顶针固定板

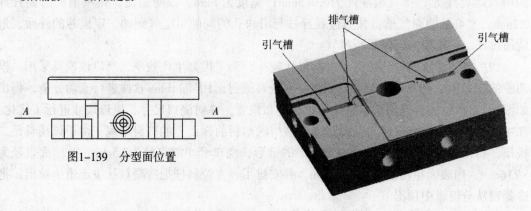

图1-139 分型面位置

图1-140 排气槽的设计

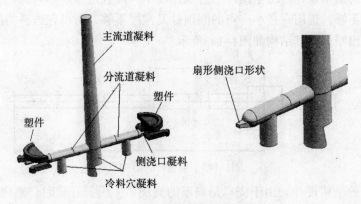

图1-141　浇注系统的设计

机构进行脱模，为了便于脱模，侧凹处决定设计斜导柱进行抽芯，本模具结构是一模两腔，所以本模具有两个斜导柱侧抽芯机构。同时为了使塑件从动模芯中脱模，决定增加2支圆顶针、4支扁顶针和1支拉料杆，整个脱模机构除采用弹簧顶出复位机构外，还增加了摆杆先复位机构，以确保顶出平稳、可靠。

　　①斜导柱抽芯机构的结构设计。斜导柱抽芯机构的结构设计如图1-142所示，由斜导柱、楔紧块、滑块、滑块镶件、耐磨块I、滑块压板、定位销、耐磨块Ⅱ等组成。斜导柱固定在定模板上，楔紧块通过螺纹固定在定模板上，滑块镶件用螺纹固定在滑块上并要定位，耐磨块I用螺纹固定在滑块上，耐磨块Ⅱ用螺纹固定在动模板上，是为了保证滑块和动模板的寿命，滑块在滑块压板与动模板形成的导滑槽内滑动；弹簧安装在滑块的弹簧孔内，定位销限制滑块滑动的最大距离，保证动、定模合模时，斜导柱能准确地进入滑块的斜孔内。开模时，动、定模分开，斜导柱带动滑块在导滑槽内向外滑动，滑块镶件从塑件中脱离。

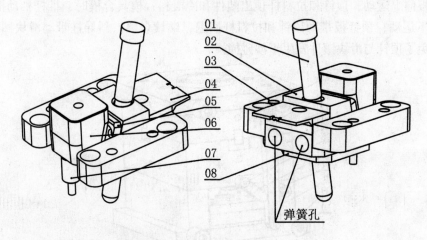

图1-142　斜导柱抽芯机构的结构设计

01.斜导柱　02.滑块　03.滑块压板　04.滑块镶件
05.耐磨块I　06.楔紧块　07.定位销　08.耐磨块Ⅱ

②扁顶针的结构设计。由于塑件的边缘比较小，而且边缘还是斜面，选用直径大一点的圆顶针位置不够，选用直径小一点的圆顶针又强度不够，所以在这种情况下就要使用斜面扁顶针来顶出塑件，其结构如图1-143所示。

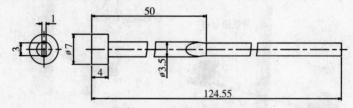

图1-143 扁顶针的结构图

③拉料杆的结构设计。由于浇口是扇形的侧浇口，模具开模时，侧浇口处容易断裂，使主流道凝料留在浇口套内，为了便于开模时主流道凝料从浇口套中脱出，特在主流道的对面冷料穴处增加一支Z形拉料杆，其结构如图1-144所示，拉料杆的尾部台阶部分固定在顶针固定板上，Z形拉料杆的前部拉住主流道凝料从浇口套中脱出。

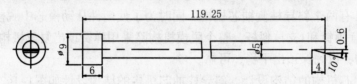

图1-144 拉料杆的结构图

④摆杆先复位机构。由滑块镶件沿模具轴线的投影与顶针端面相重合，会发生干涉碰撞。经过计算不能避免，所以一定要设置先复位机构，本副模具采用摆杆先复位机构，其结构如图1-145所示，由推杆、摆杆、推杆导向套等组成，其中推杆用螺纹固定在定模板上，并要有定位；摆杆用螺纹套安装在动模板上，并且摆杆能绕着螺纹套转动，摆杆的下部能推动顶针固定板运动；推杆导向杆用螺纹套安装在垫块上，螺纹套能做回转运动。其工作过程：模具开模，动、定模开模到一定距离时，推杆不与摆杆接触，注射机的顶出杆推动顶针板向上运动，顶针和拉料杆顶出塑件和冷凝料；模具合模时，推杆推动摆杆带动顶针板向下运动，顶针板带动顶针和拉料杆回退，继续合模，斜导柱带动滑块回到原位，这样就避免了顶针与滑块镶件发生干涉碰撞。

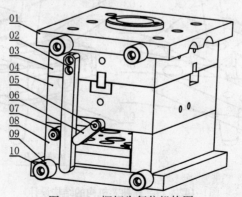

图1-145 摆杆先复位机构图

01.顶板 02.推杆 03.定模板 04.动模板 05.螺纹套
06.摆杆 07.推杆导向套 08.垫块 09.模脚 10.底板

（4）冷却系统的设计。该模具的冷却系统主要根据动、定模芯的结构特点以及模具元件的分布来布置水道。为了避免冷却水道与相关的模具元件发生干涉，而又不影响其冷却效果，由于模具结构是一模两腔，所以有2个定模芯和2个动模芯，模芯之间的冷却水道是独立的，决定在每个动模芯上设计1条一进一出的内循环式冷却水道，在定模芯上设计1条一进一出的内循环式冷却水道，所以动模部分有2条内循环式冷却水道，定模部分也有2条内循环式冷却水道，为了防止漏水，在动、定模板上开设密封槽，采用O形密封圈进行密封，水管接头安装在动、定模板上，如图1-146所示。

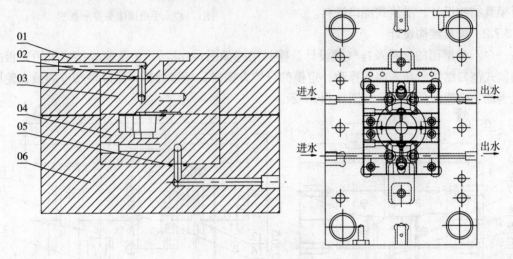

图1-146　冷却系统设计

01.定模板　02.O形密封圈　03.定模芯　04.动模芯　05.O形密封圈　06.动模板

1.3.6.3　模具结构及工作过程

该模具属于二板模，模具最大外形尺寸为250mm×300mm×250mm，顶出距离为15mm，模架采用龙记模架，模具所有活动部分保证定位准确，动作可靠，不得有卡滞现象，固定零件紧固无松动。其模具工作过程：动、定模合模，熔融塑料经塑化、计量后通过注射机注入模具密封型腔内，经保压、冷却后，开模。开模时，动、定模具分开，即图1-138中*A—A*面分开，也即动、定模分开，带动斜导柱运动，斜导柱带动滑块向外运动，动、定模分开后，塑件及冷凝料都留在动模芯上；滑块的侧抽芯动作也已完成，滑块镶件从塑件中脱离；动、定模开模到一定距离时，推杆不与摆杆接触，最后在注射机顶出杆的作用下，顶针底板和顶针固定板带动顶针和拉料杆一起运动，顶针和拉料杆一起把塑件和浇注系统的冷凝料从动模芯中顶出。动、定模合模时，注射机顶出杆回退，推杆推动摆杆带动顶针板向下运动，顶针板带动顶针和拉料杆回退，继续合模，斜导柱带动滑块回到原位，这样就避免了顶针与滑块镶件发生干涉碰撞，并在弹簧19和弹簧导杆18的辅助作用下将2支圆顶针、4支扁顶针、1支拉料杆等复位，这样就完成了一个注射周期。

1.3.7　手机摄像头盖模具的设计

1.3.7.1　塑件的成型工艺性分析

如图1-147所示，是一款手机上的摄像头盖示意图，材料为PC+ABS，缩水率为5/1000，产品成型后不仅对产品尺寸要求高，而且还要求表面平整、光洁，无影响外观的缩水痕、熔接痕、缺料、飞边、裂纹和变形等工艺缺陷。从产品的结构上分析，塑件结构简单、尺寸小，开模方向有一个通孔，无侧孔和侧凹，只是塑件底部有一些小圆柱，模具结构中不需要设计滑块和斜顶，所以采用一般的二板模具结构设计，潜伏式浇口进料。

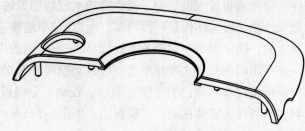

图1-147　手机摄像头盖示意图

1.3.7.2　模具结构设计

（1）分型面的选择及排气槽设计。模具结构如图1-148所示，该模具结构采用二板式潜伏式浇口结构，在考虑选择动、定模的分型方案时，经过分析，应以该塑件的最大轮廓处为动、定模的分型面，如图1-149所示。

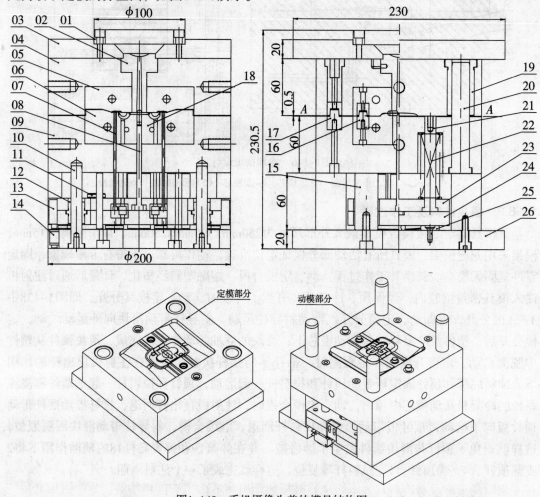

图1-148　手机摄像头盖的模具结构图

01.定位圈　02.浇口套　03.顶板　04.定模板　05.定模芯　06.动模芯　07.顶针　08.拉料杆　09.动模板　10.顶针板导柱　11.限位柱　12.顶针板导套　13.行程开关压块　14.行程开关　15.支撑柱　16、17.圆定位器　18.浇口镶件　19.导套　20.导柱　21.弹簧导杆　22.弹簧　23.顶针固定板　24.顶针底板　25.垃圾钉　26.底板

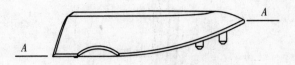

图1-149　分型面位置

　　排气槽主要设置在定模芯上，如图1-150所示，排气槽设置的位置选在熔融塑料体的外部四周，排气槽深度为0.015mm，以防溢流，排气槽周围开了6条深0.5mm、宽6mm的引气槽，外部四周的排气槽通过引气槽引空气到动、定模芯的外面，最后通过动、定模板的间隙进行排气。

　　为了更好地保证塑件的质量，除了定模芯上开设排气槽外，还在动模芯的浇口镶件上也增加了2条排气槽，如图1-151所示，排气槽深度为0.015mm，宽度为4mm，封胶位长度为1.5mm，引气槽深度为0.5mm，宽度为4mm，引气槽的气体通过浇口中间的顶针孔引到空气中。

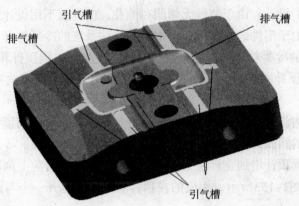

图1-150　定模芯的排气槽设计

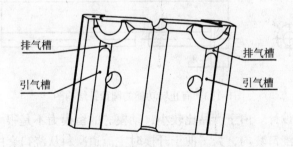

图1-151　浇口镶件的排气槽设计

　　(2) 浇注系统的设计。由于产品尺寸较小，为了提高生产效率，所以该模具采用一模两腔的二板模结构及潜伏式浇口的浇注系统。通过运用MoldFlow软件进行流动分析，得出如图1-152所示的合理的流道系统形状和排布位置，并对浇口尺寸、流道尺寸进行了优化。在主浇口的末端设有冷料穴，以防浇口被熔融塑料前锋面上的冷料堵塞。由于该模具是二板模，将浇口套的流道设计成锥度为2°的锥形，浇口套小端直径为3.5mm，其球面直径为 $SR20mm$，内表面粗糙度值为 $R_a0.4\mu m$，并安排了一支拉料杆把冷凝料从主流道中拉出和把冷凝料从分流道中顶出。

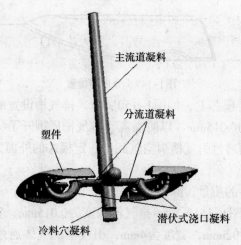

图1-152 浇注系统设计

(3) 脱模机构的设计。由于塑件无侧凹和侧孔，模具就不用设计滑块和斜顶等脱模机构，模具开模后，由于塑件的收缩力，使塑件和浇注系统的冷凝料都留在动模芯上，为了使塑件和浇注系统的冷凝料从动模芯中脱模，决定增加10支圆顶针和1支拉料杆，圆顶针和拉料杆都固定在顶针固定板上，整个脱模机构采用弹簧顶出复位机构，以确保顶出平稳、可靠。

①圆顶针的结构设计。由于塑件的底面是一个圆弧面，所以圆顶针的顶面也应该是一个与塑件底面一样的圆弧面，为了防止圆顶针在工作过程中旋转，导致塑件底面形状与设计不一致，应该给圆顶针增加止转装置，在其圆顶针的底部台阶上削边处理，以达到止转的目的，其结构如图1-153所示，相应的在顶针固定板上也开一个与圆顶针一致的带直边的圆孔。

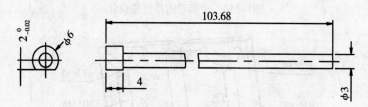

图1-153 有止转功能的圆顶针结构图

②拉料杆的结构设计。由于产品比较小，动模芯的留模力不是很大，模具开模时，容易使主流道凝料留在浇口套内，为了便于开模时主流道凝料从浇口套中脱出，特在主流道的对面冷料穴处增加一支Z形拉料杆，其结构如图1-154所示，拉料杆的尾部台阶部分固定在顶针固定板上，Z形拉料杆的前部拉住主流道凝料从浇口套中脱出。

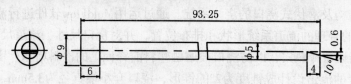

图1-154 拉料杆的结构图

(4) 冷却系统的设计。该模具的冷却系统主要根据动、定模芯的结构特点以及模具元件的分布来布置水道。为了避免冷却水道与相关的模具元件发生干涉，而又不影响其冷却效果，决定在动模芯上设计1条一进一出的内循环式冷却水道，在定模芯上设计1条一进一出的内循环式冷却水道，为了防止漏水，在动、定模板上开设密封槽，采用O形密封圈进行密封，水管接头安装在动、定模板上，如图1-155所示。

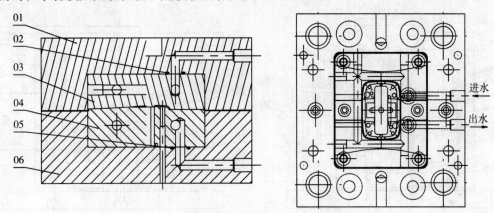

进水

出水

图1-155　冷却系统设计
01.定模板　02、05.O形密封圈　03.定模芯　04.动模芯　06.动模板

1.3.7.3　模具结构及工作过程

　　该模具属于二板模，模具最大外形尺寸为200mm×230mm×220mm，顶出距离为22mm，模架采用龙记模架，模具所有活动部分保证定位准确，动作可靠，不得有卡滞现象，固定零件紧固无松动。其模具工作过程：动、定模合模，熔融塑料经塑化、计量后通过注射机注入模具密封型腔内，经保压、冷却后，开模。开模时，动、定模具分开，即图1-148中A—A面分开，也即动、定模分开，塑件及冷凝料都留在动模芯上，最后在注射机顶出杆的作用下，顶针底板和顶针固定板带动10支圆顶针和一支拉料杆一起运动，把塑件和浇注系统的冷凝料从动模芯中顶出。动、定模合模时，注射机顶出杆回退，顶出机构在弹簧22和弹簧导杆21的作用下将10支圆顶针和一支拉料杆等复位，这样就完成了一个注射周期。

1.3.8　电视机排钮模具的设计

1.3.8.1　塑件的成型工艺性分析

　　如图1-156所示，是一款电视机上的排钮示意图，材料为ABS，缩水率为5/1000，产品有装配要求，成型后对产品尺寸要求较高，而且还要求表面平整、光洁，无影响外观的缩水痕、熔接痕、缺料、飞边、裂纹和变形等工艺缺陷。从产品的结构上分析，塑件结构简单，无侧孔和侧凹，模具结构中不需要设计滑块和斜顶，但塑件上有7个侧板，进浇比较困难，又不能影响产品的外观，所以采用多点进浇的潜伏式浇口进料，模具结构采用二板模的结构形式。

侧板

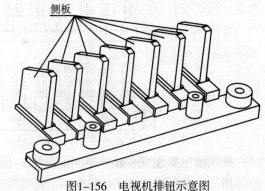

图1-156　电视机排钮示意图

1.3.8.2 模具结构设计

（1）分型面的选择及排气槽设计。模具结构如图1-157所示，该模具结构采用一模两腔的二板式潜伏式浇口结构，在考虑选择动、定模的分型方案时，经过分析，应以该塑件的最大轮廓处为动、定模的分型面，如图1-158所示。

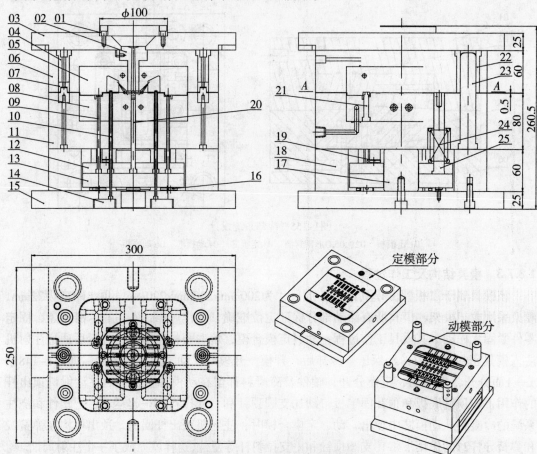

图1-157　电视机排钮的模具结构图

01.定位圈　02.浇口套　03.顶板　04.圆定位器垫块　05.定模芯　06.定模板　07.圆定位器　08.动模芯　09.顶针 10.司筒针　11.动模板　12.顶针固定板　13.顶针底板　14.司筒针压板　15.底板　16.垃圾钉　17.支撑柱　18.垫块 19.限位柱　20.拉料杆　21.动模镶针　22.导套　23.导柱　24.弹簧　25.弹簧导杆

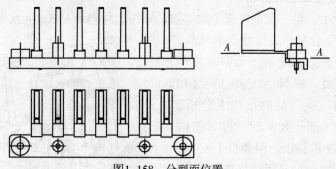

图1-158　分型面位置

排气槽主要设置在动模芯上，如图1-159所示，排气槽设置的位置选在熔融塑料体的外部四周，排气槽深度为0.025mm，宽度为6mm，封胶位长度为2mm，以防溢流，如图1-

159中表示的部位，排气槽的延伸部位开了深0.5mm、宽6mm的引气槽，排气槽通过引气槽引空气到动、定模芯的外面，最后通过动、定模板的间隙进行排气。

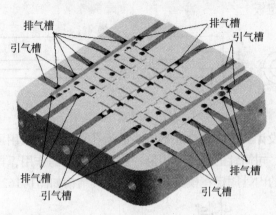

图1-159　动模芯的排气槽设计

（2）浇注系统的设计。由于塑件上有7个侧板，进浇比较困难，所以该模具采用一模两腔的二板模结构及潜伏式浇口的浇注系统。通过运用MoldFlow软件进行流动分析，得出如图1-160所示的合理的流道系统形状和排布位置，并对浇口尺寸、流道尺寸进行了优化。本例的浇注系统有1个主流道，1条第一分流道，7条第二分流道，在主浇口的末端设有冷料穴，以防浇口被熔融塑料前锋面上的冷料堵塞。由于该模具是二板模，将浇口套的流道设计成锥度为2°的锥形，浇口套小端直径为3.5mm，其球面直径为$SR20$mm，内表面粗糙度值为$R_a0.4\mu$m，并安排了7支拉料杆把冷凝料从主流道中拉出和把冷凝料从分流道中顶出。

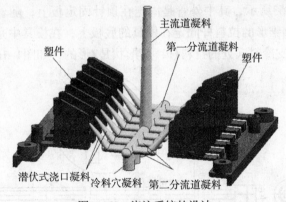

图1-160　浇注系统的设计

（3）脱模机构的设计。由于塑件无侧凹和侧孔，模具就不用设计滑块和斜顶等脱模机构，但塑件有与开模方向相同的通孔，所以要设计司筒针和动模镶针来达到目的；塑件是一个平板类的产品，为了达到把塑件留在动模芯的目的，在每个侧板的底部增加一支带外管的塑件拉料杆，总共有14支塑件拉料杆；除了14支塑件拉料杆外，还有7支冷料穴处的拉料杆。模具开模后，由于塑件的收缩力和21支拉料杆的作用，使塑件和浇注系统的冷凝料都留在动模芯上，为了使塑件和浇注系统的冷凝料从动模芯中脱模，决定增加14支圆顶针、4支司筒针、14支塑件拉料杆和7支冷料拉料杆，圆顶针和冷料拉料杆都固定在顶针固定板上，司筒针和塑件拉料杆的外管固定在顶针固定板上，司筒针的内针和塑件拉料杆固定在模具的底板上，整个脱模机构采用弹簧顶出复位机构，以确保顶出平稳、可靠。

①圆顶针的结构设计。圆顶针是顶出机构中最常用的部件，其结构如图1-161所示，圆顶针固定在顶针固定板上。

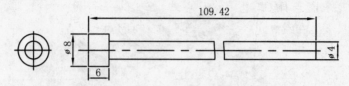

图1-161　圆顶针的结构图

②司筒针的结构设计。由于塑件底部有小的通孔，所以要采用司筒针结构，通孔的形状由司筒针的针组成，司筒针的外管（司筒）起顶出塑件的作用，司筒针的外管固定在顶针固定板上，司筒针的内针固定在模具的底板上，其结构如图1-162所示。

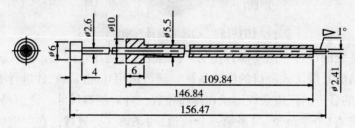

图1-162　司筒针的结构图

③拉料杆的结构设计。由于塑件是一个平板类的产品，为了达到把塑件留在动模芯的目的，在每个侧板的底部增加一支带外管的塑件拉料杆，总共有14支塑件拉料杆，其形状是圆锥形，如图1-163所示，其中外管是固定在顶针固定板上，随着顶针板的运动把塑件从拉料杆上顶出，圆锥形的拉料杆固定在模具的底板上，在模具中是不动的；除了14支塑件拉料杆外，还有7支冷料穴处的拉料杆，其形状是Z形的，如图1-164所示，Z形拉料杆固定在顶针固定板上。

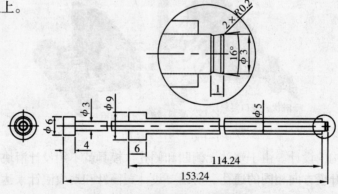

图1-163　带外管的塑件拉料杆

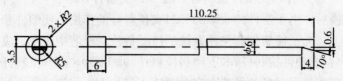

图1-164　Z形拉料杆的结构图

　　（4）冷却系统的设计。该模具的冷却系统主要根据动、定模芯的结构特点以及模具元件的分布来布置水道。为了避免冷却水道与相关的模具元件发生干涉，而又不影响其冷却效果，决定在动模芯上设计2条一进一出的内循环式冷却水道，在定模芯上设计2条一进一出的内循环式冷却水道，为了防止漏水，在动、定模板上开设密封槽，采用O形密封圈进行密封，水管接头安装在动、定模板上，如图1-165所示。

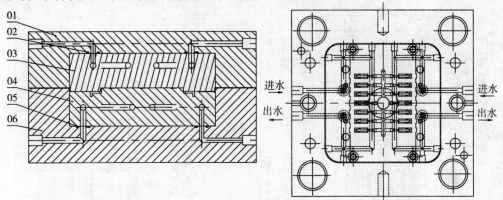

图1-165　冷却系统设计
01.定模板　02、05.O形密封圈　03.定模芯　04.动模芯　06.动模板

1.3.8.3　模具结构及工作过程

　　该模具属于二板模，模具最大外形尺寸为300mm×250mm×250mm，顶出距离为15mm，模架采用龙记模架，模具所有活动部分保证定位准确，动作可靠，不得有卡滞现象，固定零件紧固无松动。其模具工作过程：动、定模合模，熔融塑料经塑化、计量后通过注射机注入模具密封型腔内，经保压、冷却后，开模。开模时，动、定模具分开，即图1-157中A—A面分开，也即动、定模分开，塑件及冷凝料都留在动模芯上，最后在注射机顶出杆的作用下，顶针底板和顶针固定板带动14支圆顶针、4支司筒针、14支塑件拉料杆和7支冷料拉料杆一起运动，把塑件和浇注系统的冷凝料从动模芯中顶出。动、定模合模时，注塑机顶出杆回退，顶出机构在弹簧24和弹簧导杆25的作用下将10支圆顶针、4支司筒针、14支塑件拉料杆和7支冷料拉料杆等复位，这样就完成了一个注射周期。

1.3.9　电视机功能按钮模具的设计

1.3.9.1　塑件的成型工艺性分析

　　如图1-166所示，是一款电视机上的功能按钮示意图，材料为ABS，缩水率为5/1000，产品有装配要求，成型后对产品尺寸要求较高，而且还要求表面平整、光洁，无影响外观的缩水痕、熔接痕、缺料、飞边、裂纹和变形等工艺缺陷。从产品的结构上分析，塑件结构简单，无侧孔和侧凹，模具结构中不需要设计滑块和斜顶，但塑件上有6个侧板，每个侧板的底部中间有1个与脱模方向一致的深腔，为了保证进

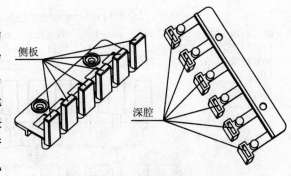

图1-166　电视机功能按钮示意图

料均衡，所以采用多点进浇的侧浇口进料方式，模具结构采用二板模的结构形式。

1.3.9.2 模具结构设计

（1）分型面的选择及排气槽设计。模具结构如图1-167所示，该模具结构采用一模两腔的二板式侧浇口结构，在考虑选择动、定模的分型方案时，经过分析，应以该塑件的最大轮廓处为动、定模的分型面，如图1-168所示。

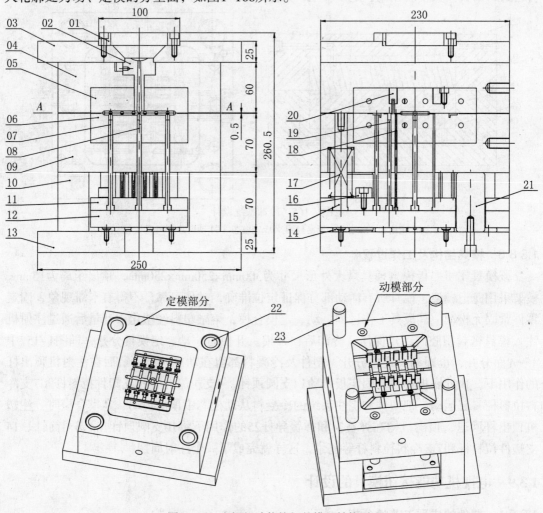

图1-167　电视机功能按钮的模具结构图

01.定位圈　02.浇口套　03.顶板　04.定模板　05.定模芯　06.动模芯　07.顶针　08.拉料杆　09.动模板　10.垫块　11.顶针固定板　12.顶针底板　13.底板　14.垃圾钉　15.弹簧导杆　16.限位柱　17.弹簧　18、19.顶针　20.定模镶件　21.支撑柱　22.导套　23.导柱

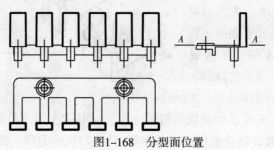

图1-168　分型面位置

　　排气槽主要设置在动模芯上，如图1–169所示，排气槽设置的位置选在熔融塑料体的外部四周，排气槽深度为0.025mm，宽度为5mm，封胶位长度为2mm，以防溢流，如图1–169中表示的部位，共16条，排气槽的延伸部位开了深0.5mm、宽5mm的引气槽，如图1–169中表示的部位，排气槽通过引气槽引空气到动、定模芯的外面，最后通过动、定模板的间隙进行排气。

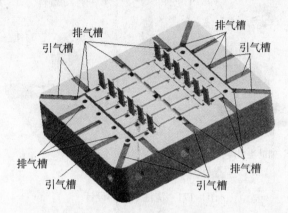

图1–169　动模芯的排气槽设计

　　塑件上有6个比较深的侧板，侧板的模腔在定模芯上，为了更好地保证塑件的质量，除了动模芯上开设排气槽外，还在定模芯上增加定模镶件，由于模具结构是一模两腔，所以定模镶件也是2件，在定模镶件上开设计排气槽，如图1–170所示，排气槽深度为0.025mm，宽度为4mm，分布在定模镶件的底部；引气槽深度为0.5mm，宽度为4mm，分布在定模镶件的两侧面，定模镶件引气槽的气体通过定模板反面开的引气槽及定模板的倒角引到动、定模芯的外面，最后通过动、定模板的间隙进行排气。

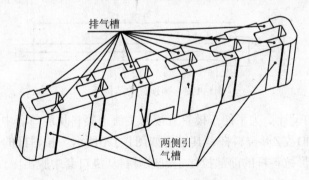

图1–170　定模镶件的排气槽设计

　　(2) 浇注系统的设计。由于塑件上有6个侧板，为了保证进料均衡，所以该模具采用一模两腔的二板模结构及多点进浇的侧浇口进料方式的浇注系统。通过运用MoldFlow软件进行流动分析，得出如图1–171所示的合理的流道系统形状和排布位置，并对浇口尺寸、流道尺寸进行了优化。本例的浇注系统有1个主流道，1条第一分流道，6条第二分流道，在主浇口的末端设有冷料穴，以防浇口被熔融塑料前锋面上的冷料堵塞。由于该模具是二板模，将浇口套的流道设计成锥度为2°的锥形，浇口套小端直径为3.5mm，其球面直径为

SR20mm，内表面粗糙度值为R_a0.4μm，并安排了1支拉料杆和2支顶针把冷凝料从主流道中拉出和把冷凝料从分流道中顶出。

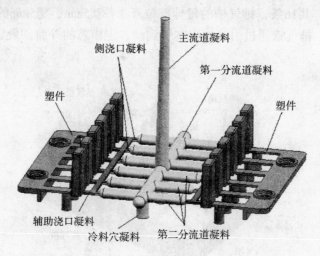

图1-171　浇注系统的设计

（3）脱模机构的设计。由于塑件无侧凹和侧孔，模具就不用设计滑块和斜顶等脱模机构，模具开模后，由于塑件的收缩力和在拉料杆的作用下，使塑件和浇注系统的冷凝料都留在动模芯上，为了使塑件和浇注系统的冷凝料从动模芯中脱模，决定增加34支直径大小不同的圆顶针和1支Z形拉料杆，圆顶针和拉料杆都固定在顶针固定板上，整个脱模机构采用弹簧顶出复位机构，以确保顶出平稳、可靠。

①圆顶针的结构设计。圆顶针是顶出机构中最常用的部件，其结构如图1-172所示，圆顶针固定在顶针固定板上。

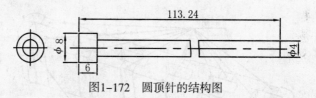

图1-172　圆顶针的结构图

②拉料杆的结构设计。为了便于模具开模时主流道凝料从浇口套中脱出，特在主流道的对面冷料穴处增加1支Z形拉料杆，其结构如图1-173所示。拉料杆的尾部台阶部分固定在顶针固定板上，Z形拉料杆的前部拉住主流道凝料从浇口套中脱出。

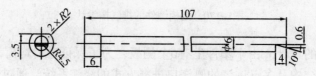

图1-173　拉料杆的结构图

（4）冷却系统的设计。该模具的冷却系统主要根据动、定模芯的结构特点以及模具元件的分布来布置水道。为了避免冷却水道与相关的模具元件发生干涉，而又不影响其冷却效果，决定在动模芯上设计2条一进一出的内循环式冷却水道，在定模芯上设计2条一进一出的内循环式冷却水道，为了防止漏水，在动、定模板上开设密封槽，采用O形密封圈进行密封，水管接头安装在动、定模板上，如图1-174所示。

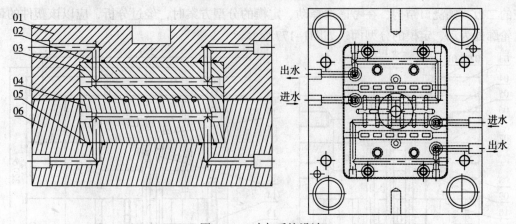

图1-174　冷却系统设计
01.定模板　02、05.O形密封圈　03.定模芯　04.动模芯　06.动模板

1.3.9.3　模具结构及工作过程

该模具属于二板模，模具最大外形尺寸为250mm×230mm×250mm，顶出距离为18mm，模架采用龙记模架，模具所有活动部分保证定位准确，动作可靠，不得有卡滞现象，固定零件紧固无松动。其模具工作过程：动、定模合模，熔融塑料经塑化、计量后通过注射机注入模具密封型腔内，经保压、冷却后，开模。开模时，动、定模具分开，即图1-167中A—A面分开，也即动、定模分开，塑件及冷凝料都留在动模芯上，最后在注射机顶出杆的作用下，顶针底板和顶针固定板带动34支圆顶针和1支Z形拉料杆一起运动，把塑件和浇注系统的冷凝料从动模芯中顶出。动、定模合模时，注射机顶出杆回退，顶出机构在弹簧17和弹簧导杆15的作用下将34支圆顶针和1支Z形拉料杆等复位，这样就完成了一个注射周期。

1.3.10　电视机导光柱模具的设计

1.3.10.1　塑件的成型工艺性分析

如图1-175所示，是一款电视机上的导光柱示意图，材料为ARCYLIC，缩水率为5/1000，产品有装配要求，成型后对产品尺寸要求较高，而且还要求表面平整、光洁，无影响外观的缩水痕、熔接痕、缺料、飞边、裂纹和变形等工艺缺陷。从产品的结构上分析，塑件结构简单，无侧孔和侧凹，模具结构中不需要设计滑块和斜顶，塑件上有1个与开模方向一致的台阶孔，2个小通孔，3个孔考虑采用镶针来达到，由于产品尺寸比较小，采用一模四腔的布局，并采用侧浇口的进浇方式，模具结构采用二板模的结构形式。

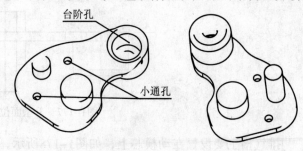

图1-175　电视机导光柱示意图

1.3.10.2 模具结构设计

（1）分型面的选择及排气槽设计。模具结构如图1-176所示，该模具结构采用一模四腔的二板式侧浇口结构，在考虑选择动、定模的分型方案时，经过分析，应以该塑件的最大轮廓处为动、定模的分型面，如图1-177所示。

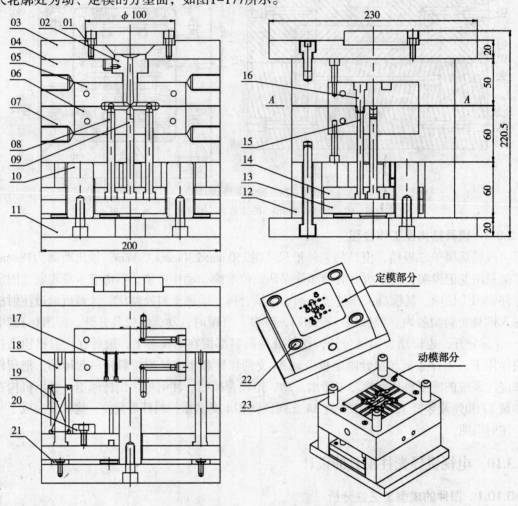

图1-176　电视机导光柱的模具结构图

01.定位圈　02.浇口套　03.顶板　04.定模板　05.定模芯　06.动模芯　07.动模板　08.顶针　09.拉料杆　10.支撑柱　11.底板　12.垫板　13.顶针底板　14.顶针固定板　15.顶针　16.定模镶针　17.动模镶针　18.弹簧导杆　19.弹簧　20.限位柱　21.垃圾钉　22.导套　23.导柱

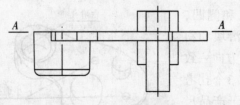

图1-177　分型面位置

排气槽主要设置在动模芯上，如图1-178所示，排气槽设置的位置选在熔融塑料体的外部四周，排气槽深度为0.025mm，宽度为5mm，封胶位长度为2mm，以防溢流，如图1-

178中所示的部位，共18条，排气槽的延伸部位开了深0.5mm、宽5mm的引气槽，排气槽通过引气槽引空气到动、定模芯的外面，最后通过动、定模板的间隙进行排气。

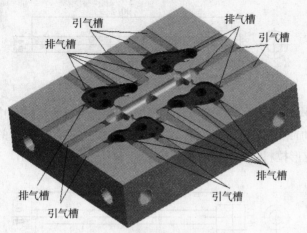

图1-178　动模芯的排气槽设计

（2）浇注系统的设计。由于塑件尺寸比较小，为了提高效率，所以该模具采用一模四腔的二板模结构及扇形侧浇口进料方式的浇注系统。通过运用MoldFlow软件进行流动分析，得出如图1-179所示的合理的流道系统形状和排布位置，并对浇口尺寸、流道尺寸进行了优化。本例的浇注系统有1个主流道，1条第一分流道，2条第二分流道，在主浇口的末端设有冷料穴，以防浇口被熔融塑料前锋面上的冷料堵塞。由于该模具是二板模，将浇口套的流道设计成锥度为3°的锥形，浇口套小端直径为5mm，其球面直径为$SR20$mm，内表面粗糙度值为$R_a0.4\mu m$，并安排了1支拉料杆和2支顶针把冷凝料从主流道中拉出和把冷凝料从分流道中顶出。

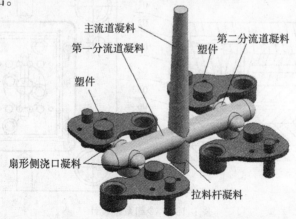

图1-179　浇注系统设计

（3）脱模机构的设计。由于塑件无侧凹和侧孔，模具就不用设计滑块和斜顶等脱模机构，模具开模后，由于塑件的收缩力和在拉料杆的作用下，使塑件和浇注系统的冷凝料都留在动模芯上，为了使塑件和浇注系统的冷凝料从动模芯中脱模，决定增加14支直径大小不同的圆顶针和1支Z形拉料杆，圆顶针和拉料杆都固定在顶针固定板上，整个脱模机构采用弹簧顶出复位机构，以确保顶出平稳、可靠。

①圆顶针的结构设计。圆顶针是顶出机构中最常用的部件,其结构如图1-180所示,圆顶针固定在顶针固定板上。

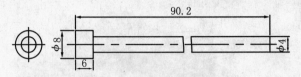

图1-180 圆顶针的结构图

②拉料杆的结构设计。为了便于模具开模时主流道凝料从浇口套中脱出,特在主流道的对面冷料穴处增加1支Z形拉料杆,其结构如图1-181所示,拉料杆的尾部台阶部分固定在顶针固定板上,Z形拉料杆的前部拉住主流道凝料从浇口套中脱出。

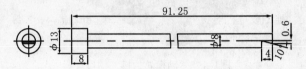

图1-181 拉料杆的结构图

(4) 冷却系统的设计。该模具的冷却系统主要根据动、定模芯的结构特点以及模具元件的分布来布置水道。为了避免冷却水道与相关的模具元件发生干涉,而又不影响其冷却效果,决定在动模芯上设计1条一进一出的内循环式冷却水道,在定模芯上设计1条一进一出的内循环式冷却水道,为了防止漏水,在动、定模板上开设密封槽,采用O形密封圈进行密封,水管接头安装在动、定模板上,如图1-182所示。

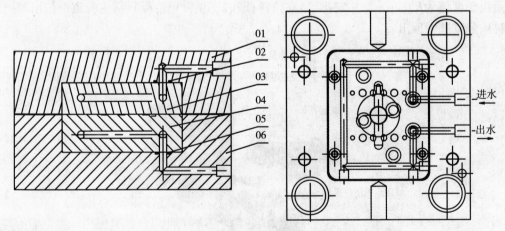

图1-182 冷却系统设计

01.定模板 02、05.O形密封圈 03.定模芯 04.动模芯 06.动模板

1.3.10.3 模具结构及工作过程

该模具属于二板模,模具最大外形尺寸为200mm×230mm×210mm,顶出距离为17mm,模架采用龙记模架,模具所有活动部分保证定位准确,动作可靠,不得有卡滞现象,固定零件紧固无松动。其模具工作过程:动、定模合模,熔融塑料经塑化、计量后通过注射机注入模具密封型腔内,经保压、冷却后,开模。开模时,动、定模具分开,即图1-176中

A—*A*面分开，也即动、定模分开，塑件及冷凝料都留在动模芯上，最后在注射机顶出杆的作用下，顶针底板和顶针固定板带动 14 支圆顶针和 1 支 Z 形拉料杆一起运动，把塑件和浇注系统的冷凝料从动模芯中顶出。动、定模合模时，注射机顶出杆回退，顶出机构在弹簧 19 和弹簧导杆 18 的作用下将 14 支圆顶针和 1 支 Z 形拉料杆等复位，这样就完成了一个注射周期。

1.3.11　电视机支架模具的设计

1.3.11.1　塑件的成型工艺性分析

如图 1–183 所示，是一款电视机上的支架示意图，材料为阻燃 HIPS，缩水率为 5/1000，产品有装配要求，成型后对产品尺寸要求较高，而且还要求表面平整、光洁，无影响外观的缩水痕、熔接痕、缺料、飞边、裂纹和变形等工艺缺陷。从产品的结构上分析，塑件结构简单，无侧孔和侧凹，模具结构中不需要设计滑块和斜顶，塑件上有 3 个与开模方向一致的小通孔，3 个孔考虑采用镶针来达到，由于产品形状是长条形的，采用一模两腔的布局，并采用侧浇口的进浇方式，模具结构采用二板模的结构形式。

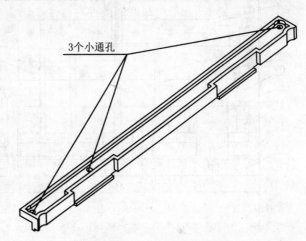

图 1–183　电视机支架示意图

（图中标注：3 个小通孔）

1.3.11.2　模具结构设计

（1）分型面的选择及排气槽设计。模具结构如图 1–184 所示，该模具结构采用一模两腔的二板式侧浇口结构，在考虑选择动、定模的分型方案时，经过分析，应以该塑件的最大轮廓处为动、定模的分型面，如图 1–185 所示。

排气槽主要设置在动模芯上，如图 1–186 所示。排气槽设置的位置选在熔融塑料体的外部四周，排气槽深度为 0.025mm，宽度为 6mm，封胶位长度为 3mm，以防溢流，如图 1–186 中所示的部位，共 40 条，排气槽的延伸部位开了深 0.5mm、宽 6mm 的引气槽，排气槽通过引气槽引空气到动、定模芯的外面，最后通过动、定模板的间隙进行排气。

（2）浇注系统的设计。由于塑件的形状是长条形的，所以该模具采用一模两腔的二板模结构及侧浇口进料方式的浇注系统。通过运用 MoldFlow 软件进行流动分析，得出如图 1–187 所示的合理的流道系统形状和排布位置，并对浇口尺寸、流道尺寸进行了优化。本例的浇注系统有 1 个主流道，1 条第一分流道，2 条第二分流道，在主浇口的末端设有冷料穴，以防浇口被熔融塑料前锋面上的冷料堵塞。由于该模具是二板模，将浇口套的主流道设计成锥度为 2° 的锥形，浇口套小端直径为 3.5mm，其球面直径为 $SR20$mm，内表面粗糙度值为 $R_a0.4\mu m$，并安排了 1 支拉料杆和 2 支顶针把冷凝料从主流道中拉出和把冷凝料从分流道中顶出。

（3）脱模机构的设计。由于塑件无侧凹和侧孔，模具就不用设计滑块和斜顶等脱模机构，塑件是一个平板长条形的产品，为了达到把塑件留在动模芯的目的，在每个塑件的底部增加 2 支 Z 形拉料杆，模具开模后，由于塑件的收缩力和在拉料杆的作用下，使塑件和浇注系统的冷凝料都留在动模芯上，为了使塑件和浇注系统的冷凝料从动模芯中脱模，决定增加 24 支直径大小不同的圆顶针和 5 支 Z 形拉料杆，圆顶针和拉料杆都固定在顶针固定板上，整个脱模机构采用弹簧顶出复位机构，以确保顶出平稳、可靠。

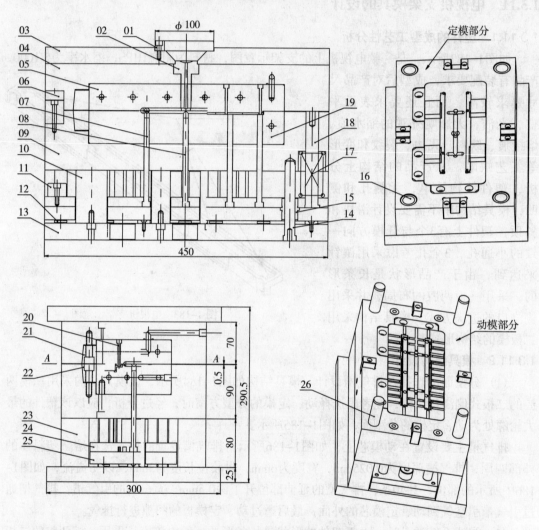

图1-184　电视机支架的模具结构图

01.定位圈　02.浇口套　03.顶板　04.定模板　05.定模芯　06.方定位器　07.顶杆　08.拉料杆　09.动模板　10.支撑柱　11.限位柱　12.垃圾钉　13.底板　14.顶针板导柱　15.顶针板导套　16.导套　17.弹簧　18.弹簧导杆　19.动模芯　20.定模镶针　21.定模楔紧块　22.动模楔紧块　23.垫块　24.顶针固定板　25.顶针底板　26.导柱

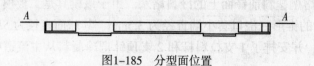

图1-185　分型面位置

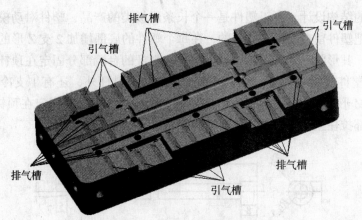

图1-186　动模芯的排气槽设计

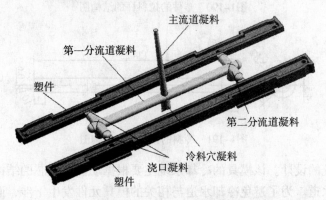

图1-187　浇注系统设计

①圆顶针的结构设计。圆顶针是顶出机构中最常用的部件，其结构如图1-188所示，圆顶针固定在顶针固定板上。

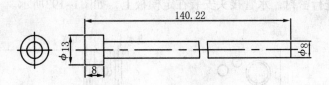

图1-188　圆顶针的结构图

②带止转的圆顶针的结构设计。圆顶针的顶面与塑件底面的台阶面相交，为了防止圆顶针在工作过程中旋转，导致塑件底面形状与设计不一致，应该给圆顶针增加止转装置，在其圆顶针的底部台阶上削边处理，以达到止转的目的，其结构如图1-189所示，相应的在顶针固定板上也开一个与圆顶针一致的带直边的圆孔。

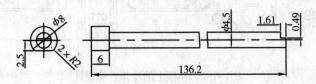

图1-189　带止转的圆顶针的结构图

③拉料杆的结构设计。由于塑件是一个长条形板类的产品，塑件对动模芯的包紧力不大，为了达到把塑件留在动模芯的目的，在每个塑件的底部增加 2 支 Z 形的拉料杆，总共有 4 支拉料杆，其形状尺寸如图 1-190 所示，拉料杆的台阶部分固定在顶针固定板上，保证模具开模后塑件能留在动模；除了 4 支对塑件的拉料杆外，还有 1 支冷料穴处的拉料杆，其形状是 Z 形的，如图 1-191 所示，Z 形拉料杆的台阶部分固定在顶针固定板上，Z形拉料杆的前部拉住主流道凝料从浇口套中脱出。

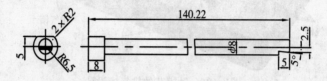

图1-190　塑件的拉料杆的结构图

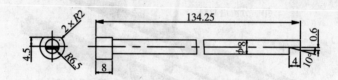

图1-191　冷料的拉料杆的结构图

（4）冷却系统的设计。该模具的冷却系统主要根据动、定模芯的结构特点以及模具元件的分布来布置水道。为了避免冷却水道与相关的模具元件发生干涉，而又不影响其冷却效果，决定在动模芯上设计2条一进一出的内循环式冷却水道，为了防止漏水，在动模板上开设密封槽，采用O形密封圈进行密封，水管接头安装在动模板上，如图1-192所示；在定模芯上设计2条一进一出的内循环式冷却水道，为了防止漏水，在定模板上开设密封槽，采用O形密封圈进行密封，水管接头安装在定模板上，如图1-193所示。

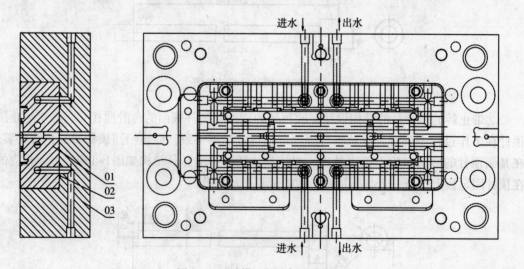

图1-192　动模上的冷却系统设计
01.动模芯　02.O形密封圈　03.动模板

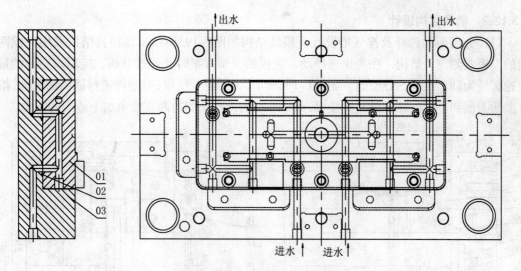

图1-193 定模上的冷却系统设计

01.定模芯 02.O形密封圈 03.定模板

1.3.11.3 模具结构及工作过程

该模具属于二板模，模具最大外形尺寸为450mm×300mm×290.5mm，顶出距离为20mm，模架采用龙记模架，模具所有活动部分保证定位准确，动作可靠，不得有卡滞现象，固定零件紧固无松动。其模具工作过程：动、定模合模，熔融塑料经塑化、计量后通过注射机注入模具密封型腔内，经保压、冷却后，开模。开模时，动、定模具分开，即图1-184中A—A面分开，也即动、定模分开，塑件及冷凝料都留在动模芯上，最后在注射机顶出杆的作用下，顶针底板和顶针固定板带动24支圆顶针和5支Z形拉料杆一起运动，把塑件和浇注系统的冷凝料从动模芯中顶出。动、定模合模时，注射机顶出杆回退，顶出机构在弹簧17和弹簧导杆18的作用下将24支圆顶针和5支Z形拉料杆等复位，这样就完成了一个注射周期。

1.3.12 转轴盖模具的设计

1.3.12.1 塑件的成型工艺性分析

如图1-194所示，是一个转轴盖示意图，材料为ABS，缩水率为5/1000，产品有装配要求，成型后对产品尺寸要求较高，而且还要求表面平整、光洁，无影响外观的缩水痕、熔接痕、缺料、飞边、裂纹和变形等工艺缺陷。从产品的结构上分析，塑件结构简单，无侧孔和侧凹，模具结构中不需要设计滑块和斜顶，塑件上有1个内腔、2个转轴和1个侧面的T形板，T形板与脱模方向一致，采用一模两腔的布局，并采用侧浇口的进浇方式，模具结构采用二板模的结构形式。

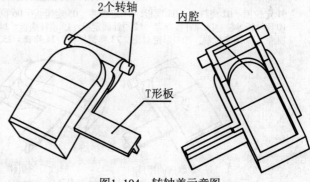

图1-194 转轴盖示意图

1.3.12.2 模具结构设计

（1）分型面的选择及排气槽设计。模具结构如图1-195所示，该模具结构采用一模两腔的二板式侧浇口结构，在考虑选择动、定模的分型方案时，经过分析，应以该塑件的最大轮廓处为动、定模的分型面，如图1-196所示，为了便于脱模，对塑件进行适当的处理，给分型面上面和下面的外形做减胶拔模，并给外形的顶部及侧边两直棱角加上适当的圆角。

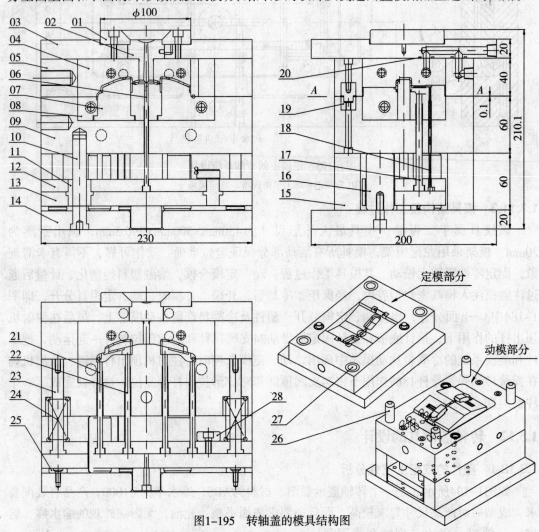

图1-195 转轴盖的模具结构图

01.定位圈　02.浇口套　03.顶板　04.定模芯　05.定模板　06.拉料杆　07.动模镶件　08.动模芯　09.动模板　10.顶针板导柱　11.顶针板导套　12.顶针固定板　13.顶针底板　14.底板　15.垫块　16.支撑柱　17、18、21、22 顶针　19.圆定位器　20.O形密封圈　23.弹簧导杆　24.弹簧　25.垃圾钉　26.导柱　27.导套　28.限位柱

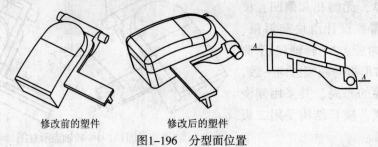

修改前的塑件　　修改后的塑件

图1-196 分型面位置

排气槽主要设置在动模芯上，如图1-197所示，排气槽设置的位置选在熔融塑料体的外部四周，排气槽深度为0.025mm，宽度为5mm，封胶位长度为2mm，以防溢流，如图1-197中所示的部位，共6条，排气槽的延伸部位开了深0.5mm、宽5mm的引气槽，如图1-197中所示的部位，排气槽通过引气槽引空气到动、定模芯的外面，最后通过动、定模板的间隙进行排气。

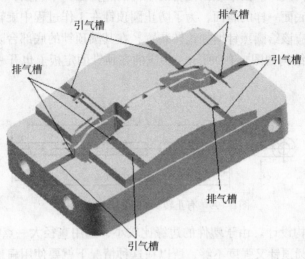

图1-197　动模芯的排气槽设计

（2）浇注系统的设计。由于塑件的尺寸不大，所以该模具采用一模两腔的二板模结构及侧浇口进料方式的浇注系统。通过运用MoldFlow软件进行流动分析，得出如图1-198所示的合理的流道系统形状和排布位置，并对浇口尺寸、流道尺寸进行了优化。本例的浇注系统有1个主流道和1条分流道，在主浇口的末端设有冷料穴，以防浇口被熔融塑料前锋面上的冷料堵塞。由于该模具是二板模，将浇口套的主流道设计成锥度为3°的锥形，浇口套小端直径为3.5mm，其球面直径为$SR16mm$，内表面粗糙度值为$R_a0.4\mu m$，并安排了1支拉料杆把冷凝料从主流道中拉出，把冷凝料从分流道中顶出。

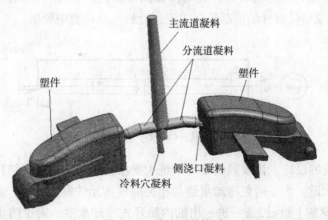

图1-198　浇注系统设计

（3）脱模机构的设计。由于塑件无侧凹和侧孔，模具就不用设计滑块和斜顶等脱模机构，在塑件的收缩力和拉料杆的作用下，使塑件和浇注系统的冷凝料都留在动模芯上，为了使塑件和浇注系统的冷凝料从动模芯中脱模，决定增加4支直径大小不同的圆顶针、10支扁顶针和1支Z形拉料杆，圆顶针、扁顶针和拉料杆都固定在顶针固定板上，整个脱模机构采用弹簧顶出复位机构，以确保顶出平稳、可靠。

①圆顶针的结构设计。由于顶出位置的塑件的底面是一个斜面，所以圆顶针的顶面也应该是一个与塑件底面一样的斜面，为了防止圆顶针在工作过程中旋转，导致塑件底面形状与设计不一致，应该给圆顶针增加止转装置，在其圆顶针的底部台阶上削边处理，以达到止转的目的，其结构如图1-199所示，相应的在顶针固定板上也开一个与圆顶针一致的带直边的圆孔。

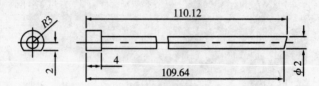

图1-199　有止转功能的圆顶针结构图

②扁顶针的结构设计。由于塑件的边缘比较小，选用直径大一点的圆顶针位置不够，选用直径小一点的圆顶针又强度不够，所以在这种情况下就要使用扁顶针来顶出塑件，其结构如图1-200所示。

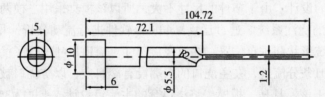

图1-200　扁顶针结构图

③拉料杆的结构设计。为了便于模具开模时主流道凝料从浇口套中脱出，特在主流道的对面冷料穴处增加1支Z形拉料杆，其结构如图1-201所示，拉料杆的尾部台阶部分固定在顶针固定板上，Z形拉料杆的前部拉住主流道凝料从浇口套中脱出。

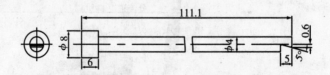

图1-201　拉料杆的结构图

（4）冷却系统的设计。该模具的冷却系统主要根据动、定模芯的结构特点以及模具元件的分布来布置水道。为了避免冷却水道与相关的模具元件发生干涉，而又不影响其冷却效果，决定在动模芯上设计2条一进一出的内循环式冷却水道，为了防止漏水，在动模板上开设密封槽，采用O形密封圈进行密封，水管接头安装在动模板上，如图1-202所示；在定模芯上设计1条一进一出的内循环式冷却水道，由于定模板与定模芯一样高，为了防止漏水，在模具顶板上开设密封槽，采用O形密封圈进行密封，通过顶板把定模芯与定模板上的水道连接起来，水管接头安装在定模板上，如图1-203所示。

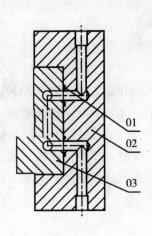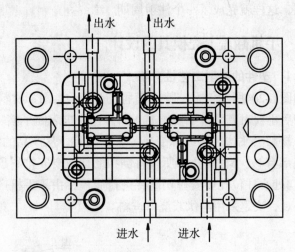

图1-202　动模上的冷却系统设计
01.O形密封圈　02.动模板　03.动模芯

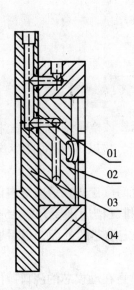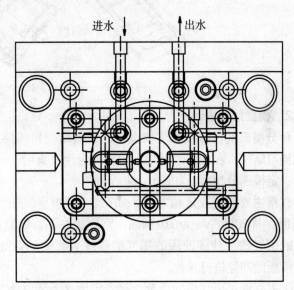

图1-203　定模上的冷却系统设计
01.O形密封圈　02.定模芯　03.顶板　04.定模板

1.3.12.3　模具结构及工作过程

　　该模具属于二板模，模具最大外形尺寸为230mm×200mm×200.1mm，顶出距离为17mm，模架采用龙记模架，模具所有活动部分保证定位准确，动作可靠，不得有卡滞现象，固定零件紧固无松动。其模具工作过程：动、定模合模，熔融塑料经塑化、计量后通过注射机注入模具密封型腔内，经保压、冷却后，开模。开模时，动、定模具分开，即图1-195中A—A面分开，也即动、定模分开，塑件及冷凝料都留在动模芯上，最后在注射机顶出杆的作用下，顶针底板和顶针固定板带动4支圆顶针、10支扁顶针和1支Z形拉料杆一起运动,把塑件和浇注系统的冷凝料从动模芯中顶出。动、定模合模时,注射机顶出杆回退,顶出机构在弹簧24和弹簧导杆23的作用下将4支圆顶针、10支扁顶针和1支Z形拉料杆等复位,这样就完成了一个注射周期。

1.3.13 手机翻盖上壳模具的设计

1.3.13.1 塑件的成型工艺性分析

如图1-204所示,是一款手机翻盖上壳示意图,材料为PC+ABS,缩水率为5/1000,产品成型后不仅对产品尺寸要求高,而且还要求表面平整、光洁,无影响外观的缩水痕、熔接痕、缺料、飞边、裂纹和变形等工艺缺陷。从产品的结构上分析,塑件的底部有4处倒扣,底部有4处小柱位孔,所以有倒扣的部位要安排斜顶进行脱模,并要保证斜顶的强度足够;4处小柱位孔要安排司筒针进行脱模,由于手机产品对外观要求较高,为了不影响产品外观,决定采用潜伏式浇口进料。

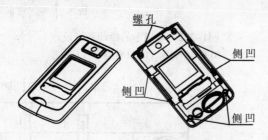

图1-204 手机翻盖上壳示意图

1.3.13.2 模具结构设计

(1) 分型面的选择及排气槽设计。模具结构如图1-205所示,该模具结构采用二板式潜伏式浇口结构,在考虑选择动、定模的分型方案时,经过分析,应以该塑件的最大轮廓处为动、定模的分型面,如图1-206所示。

排气槽主要设置在定模芯上,如图1-207所示,排气槽设置的位置选在熔融塑料体的外部四周,排气槽深度为0.015mm,宽度为4mm,以防溢流,排气槽周围要开深0.5mm、宽4mm的引气槽,外部四周的排气槽通过引气槽引空气到动、定模芯的外面,最后通过动、定模板的间隙进行排气。

为了更好地保证塑件的质量,除了定模芯上开设排气槽外,还在动模芯的浇口镶件上也增加了2条排气槽,如图1-208所示,排气槽深度为0.02mm,宽度为3mm,封胶位长度为3mm;引气槽深度为0.2mm,宽度为3mm,引气槽的气体通过浇口中间的顶针孔引到空气中。

(2) 浇注系统的设计。由于产品尺寸精度要求较高,产品外表面光滑,所以该模具采用一模一腔的二板模结构及潜伏式浇口的浇注系统。通过运用MoldFlow软件进行流动分析,得出如图1-209所示的合理的流道系统形状和排布位置,并对浇口尺寸、流道尺寸进行了优化。在主浇口的末端设有冷料穴,以防浇口被熔融塑料前锋面上的冷料堵塞。由于该模具是二板模,将浇口套的流道设计成锥度为2°的锥形,浇口套小端直径为3.5mm,其球面直径为$SR16mm$,内表面粗糙度值为$R_a0.4\mu m$,并安排了一支顶料杆把冷凝料从主流道中拉出和把冷凝料从分流道中顶出。

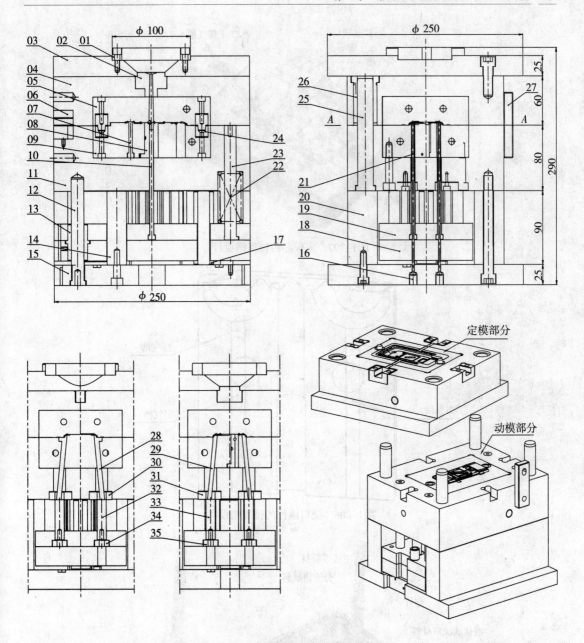

图1-205　手机翻盖上壳的模具结构图

01.定位圈　02.浇口套　03.顶板　04.定模板　05.定模芯　06.方定位器　07.动模镶针　08.浇口镶件　09.动模芯
10.顶料杆　11.动模板　12.顶针板导柱　13.顶针板导套　14.支撑柱　15.底板　16.司筒针定位螺钉　17.垃圾钉
18.顶针底板　19.顶针固定板　20.垫块　21.司筒针　22.弹簧　23.弹簧导杆　24.圆定位器　25.导柱　26.导套
27.锁模块　28、29.动模斜顶　30、31.斜顶导板　32、33.斜顶导杆　34、35.导杆压块

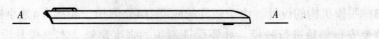

图1-206　分型面位置

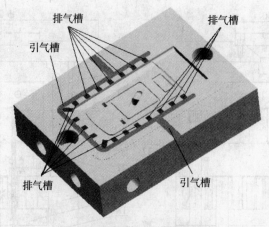

图1-207　定模芯的排气槽设计

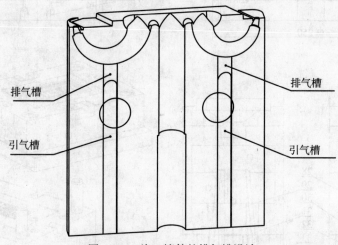

图1-208　浇口镶件的排气槽设计

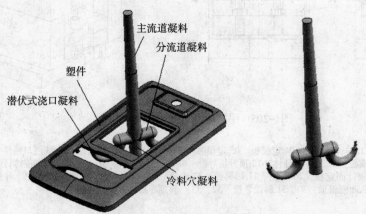

图1-209　浇注系统设计

（3）脱模机构的设计。由于塑件的底部有4处倒扣，底部有4处小柱位孔，所以有倒扣的部位要安排斜顶进行脱模，并要保证斜顶的强度足够，本副模具设计4个动模斜顶进行脱模；4处小柱位孔要安排4支司筒针进行脱模；同时为了使塑件从动模芯中脱模，决定增加3支圆顶针、2支扁顶针、1支圆的双节顶针和1支顶料杆，整个脱模机构采用弹簧顶出复位系统，以确保顶出平稳、可靠。

①斜顶的结构设计。斜顶的结构设计如图1-210所示，由动模斜顶、斜顶导板、斜顶导杆和导杆压板等组成。动模斜顶在动模芯的斜孔内滑动，动模斜顶的材料是进口模具钢8407，表面氮化，周边开有油槽；斜顶导板用螺纹固定在动模板上，斜顶导板的材料是锡青铜；斜顶导板给斜顶导杆起导向作用，在动模板上要有斜顶导杆运动的避空位，斜顶导杆与导杆压板用螺纹固定在一起，并安装在顶针固定板上。当顶针底板向上运动时，推动斜顶导杆向上运动，向上运动中动模斜顶在导杆的"7"字形导滑槽内移动，并推动斜顶沿动模芯内的斜孔运动，使动模斜顶从塑件中脱离。

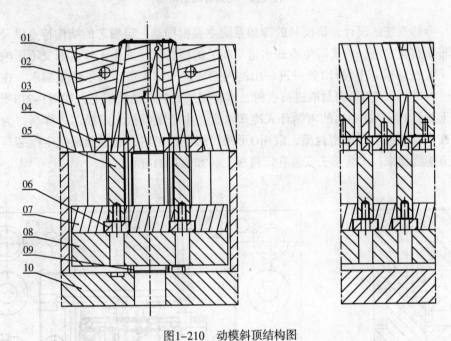

图1-210　动模斜顶结构图

01.动模斜顶　02.动模芯　03.动模板　04.斜顶导板　05.斜顶导杆
06.导杆压板　07.顶针固定板　08.顶针底板　09.垃圾钉　10.底板

②扁顶针的结构设计。由于塑件的边缘比较小，而且边缘还是斜面，选用直径大一点的圆顶针位置不够，选用直径小一点的圆顶针又强度不够，所以在这种情况下就要使用斜面扁顶针来顶出塑件，其结构如图1-211所示。

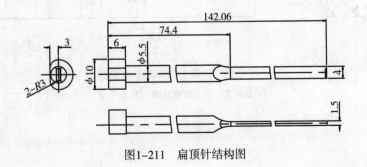

图1-211　扁顶针结构图

③司筒针的结构设计。由于塑件底部有小的盲孔，所以要采用司筒针结构，盲孔的形状由司筒针的针组成，司筒针的外管（司筒）起顶出塑件的作用，其结构如图1-212所示。

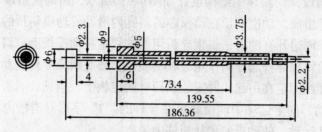

图1-212 司筒针的结构图

（4）冷却系统的设计。该模具的冷却系统主要根据动、定模芯的结构特点以及模具元件的分布来布置水道。为了避免冷却水道与相关的模具元件发生干涉，而又不影响其冷却效果，决定在动模芯上设计1条一进一出的内循环式冷却水道，为了防止漏水，在动模板上开设密封槽，采用O形密封圈进行密封，水管接头安装在动模板上，如图1-213所示；在定模芯上设计1条一进一出的内循环式冷却水道，由于定模板与定模芯一样高，为了防止漏水，在模具顶板上开设密封槽，采用O形密封圈进行密封，通过顶板把定模芯与定模板上的水道连接起来，水管接头安装在定模板上，如图1-214所示。

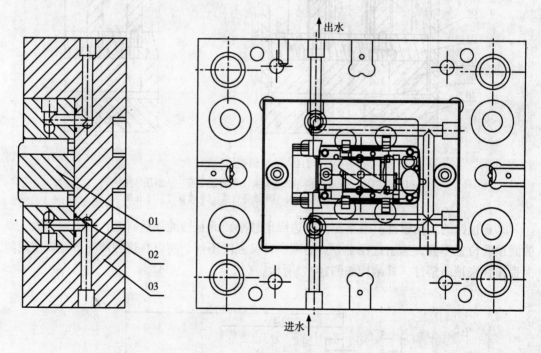

图1-213 动模上的冷却系统设计
01.动模芯　02.O形密封圈　03.动模板

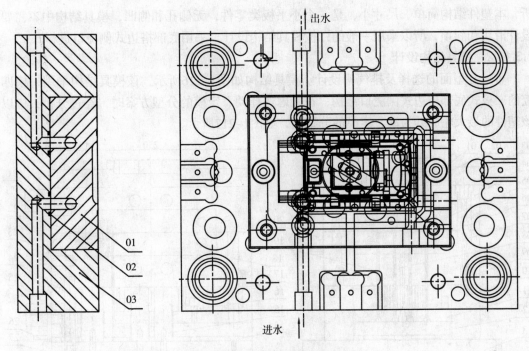

图1-214 定模上的冷却系统设计
01.定模芯 02.O形密封圈 03.定模板

1.3.13.3 模具结构及工作过程

　　该模具属于二板模，模具最大外形尺寸为250mm×250mm×280mm，顶出距离为20mm，模架采用龙记模架，模具所有活动部分保证定位准确，动作可靠，不得有卡滞现象，固定零件紧固无松动。其模具工作过程：动、定模合模，熔融塑料经塑化、计量后通过注塑机注入模具密封型腔内，经保压、冷却后，开模。开模时，动、定模具分开，即图1-205中A—A面分开，也即动、定模分开，塑件及冷凝料都留在动模芯上，最后在注射机顶出杆的作用下，顶针底板和顶针固定板带动顶针、斜顶和顶料杆一起运动，运动过程中斜顶从塑件脱离开，顶针和顶料杆一起把塑件和浇注系统的冷凝料从动模芯中顶出。动、定模合模时，注射机顶出杆回退，顶出机构在弹簧22和弹簧导杆23（弹簧导杆起复位杆的作用）的作用下将3支圆顶针、2支扁顶针、1支圆的双节顶针、1支顶料杆、4支司筒针和4个动模斜顶等复位，这样就完成了一个注射周期。

1.3.14 手机听筒装饰片模具的设计

1.3.14.1 塑件的成型工艺性分析

　　如图1-215所示，是一款手机上的听筒装饰片示意图，材料为ABS，缩水率为5/1000，产品成型后不仅对产品尺寸要求高，而且还要求表面平整、光洁，无影响外观的缩水痕、熔接痕、缺料、飞边、裂纹和变形等工艺缺陷。从产品的结构上分

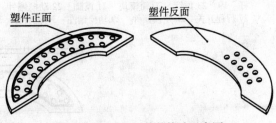

塑件正面　　　　塑件反面

图1-215 手机听筒装饰片示意图

析，本塑件结构简单、尺寸小，是一个小平板类零件，无侧孔和侧凹，模具结构中不需要设计滑块和斜顶，所以采用一般的二板模具结构设计，采用底部搭边式侧浇口进料。

1.3.14.2　模具结构设计

（1）分型面的选择及排气槽设计。模具结构如图1-216所示，该模具结构采用一模四腔的二板式底部搭边式侧浇口结构；在考虑选择动、定模的分型方案时，经过分析，应以该塑件的最大轮廓处为动、定模的分型面，如图1-217所示。

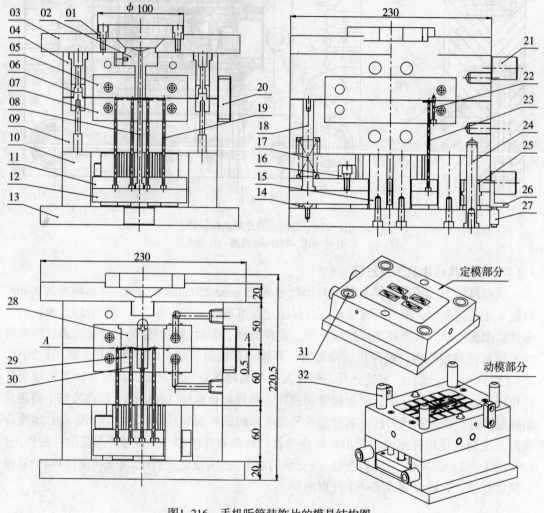

图1-216　手机听筒装饰片的模具结构图

01.定位圈　02.浇口套　03.顶板　04.定模板　05.定模芯　06.圆定位器　07.动模芯　08.拉料杆　09.动模板　10.垫块　11.顶针固定板　12.顶针底板　13.底板　14.垃圾钉　15.支撑柱　16.限位柱　17.弹簧　18.弹簧导杆　19、23.顶针　20.锁模块　21.模脚　22.动模镶针　24.顶针板导柱　25.顶针板导套　26.行程开关压板　27.行程开关　28.定模镶件　29.动模镶件　30.拉料杆　31.导套　32.导柱

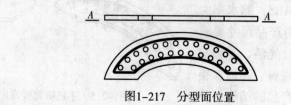

图1-217　分型面位置

排气槽主要设置在动模芯上，如图1-218所示，排气槽设置的位置选在熔融塑料体的外部四周，排气槽深度为0.015mm，宽度为4mm，以防溢流，排气槽的延伸部位要开深0.2mm、宽4mm的引气槽，外部四周的排气槽通过引气槽引空气到动、定模芯的外面，最后通过动、定模板的间隙进行排气。

（2）浇注系统的设计。由于产品尺寸较小，为了提高生产效率，所以该模具采用一模四腔的二板模结构及搭边式

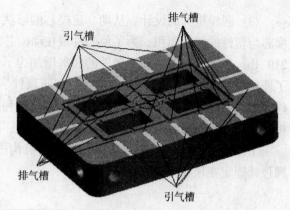

图1-218　排气槽的设计

两侧浇口的浇注系统。通过运用MoldFlow软件进行流动分析，得出如图1-219（a）所示的合理的流道系统形状和排布位置，并对浇口尺寸、流道尺寸进行了优化，为了保证均衡进料，特采用如图1-219所示的塑件两边同时进料的方式；由于该模具是二板模，将浇口套的流道设计成锥度为2°的锥形，浇口套小端直径为3.5mm，其球面直径为$SR20$mm，内表面粗糙度值为$R_a0.4\mu$m，分流道的截面形状为U形，截面尺寸为上边长为2.5mm、两边夹角为100°、高度为2mm。

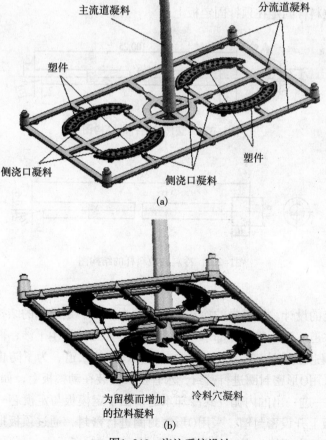

(a)

(b)

图1-219　浇注系统设计

(3) 脱模机构的设计。从动、定模芯的形状上分析，定模芯与塑件的接触面积大于动模芯与塑件的接触面积，为了使塑件留在动模芯上，便于脱模机构的设计，特增加如图1-219 (b) 所示的分流道和在塑件的底部增加为了使塑件留在动模芯上的拉料凝料；同时为了使塑件从动模芯中脱模，决定用22支圆顶针、12支塑件拉料杆和1支冷料穴拉料杆把塑件和浇注系统的冷凝料从动模芯中顶出，顶针和拉料杆都安装在顶针固定板上，整个脱模机构采用弹簧顶出复位系统，以确保顶出平稳、可靠。

①圆顶针的结构设计。圆顶针是顶出机构中最常用的部件，其结构如图1-220所示，圆顶针固定在顶针固定板上。

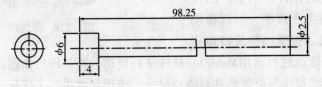

图1-220　圆顶针的结构图

②拉料杆的结构设计。由于塑件是一个平板类的产品，为了达到把塑件留在动模芯的目的，在每个塑件的底部增加3支Z形拉料杆，总共有12支塑件拉料杆，其结构图如图1-221所示；除了12支塑件拉料杆外，还有1支冷料穴处的拉料杆，其形状也是Z形的，如图1-222所示，Z形拉料杆固定在顶针固定板上。

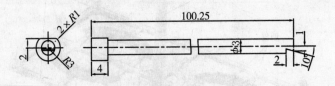

图1-221　塑件拉料杆的结构图

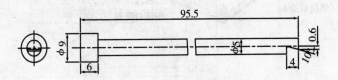

图1-222　冷料穴拉料杆的结构图

(4) 冷却系统的设计。该模具的冷却系统主要根据动、定模芯的结构特点以及模具元件的分布来布置水道。为了避免冷却水道与相关的模具元件发生干涉，而又不影响其冷却效果，决定在动模上设计1条一进一出的内循环式冷却水道，为了防止漏水，在动模板上开设密封槽，采用O形密封圈进行密封，水管接头安装在动模板上，如图1-223所示；在定模芯上设计1条一进一出的内循环式冷却水道，由于定模板与定模芯一样高，为了防止漏水，在模具顶板上开设密封槽，采用O形密封圈进行密封，通过顶板把定模芯与定模板上的水道连接起来，水管接头安装在定模板上，如图1-224所示。

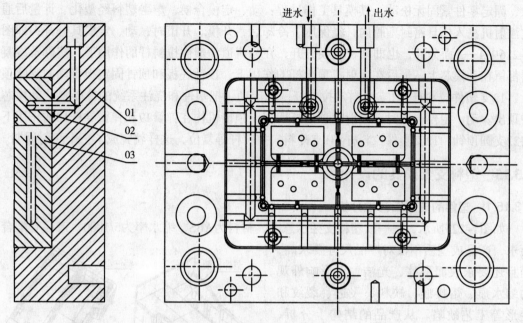

图1-223　动模上的冷却系统设计

01.动模板　　02.O形密封圈　　03.动模芯

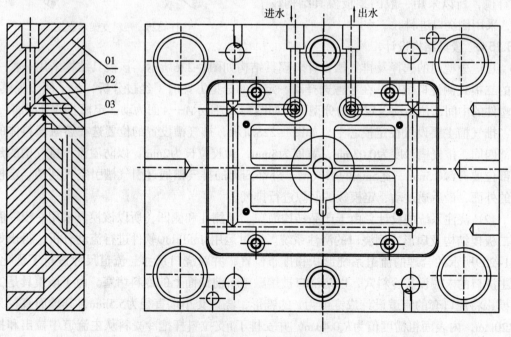

图1-224　定模上的冷却系统设计

01.定模板　　02.O形密封圈　　03.定模芯

1.3.14.3　模具结构及工作过程

　　该模具属于二板模，模具最大外形尺寸为230mm×230mm×210.5mm，顶出距离为12mm，模架采用龙记模架，模具所有活动部分保证定位准确，动作可靠，不得有卡滞现象，固定零件紧固无松动。其模具工作过程：动、定模合模，熔融塑料经塑化、计量后通过注射机注入模具密封型腔内，经保压、冷却后，开模。开模时，动、定模具分开，即图1-216中A—A面分开，也即动、定模分开，在分流道和塑件拉料杆的作用下，塑件及冷凝料都留在动模芯上，最后在注射机顶出杆的作用下，顶针底板和顶针固定板带动22支圆顶针、12支塑件拉料杆和1支冷料穴拉料杆一起运动，把塑件和浇注系统的冷凝料从动模芯中顶出。动、定模合模时，注射机顶出杆回退，顶出机构在弹簧17和弹簧导杆18的作用下将22支圆顶针、12支塑件拉料杆和1支冷料穴拉料杆等复位，这样就完成了一个注射周期。

1.3.15 塑料支架模具的设计

1.3.15.1 塑件的成型工艺性分析

如图1-225所示，是一款塑料支架示意图，材料为ABS，缩水率为5/1000，产品有配合要求，产品成型后不仅对产品尺寸要求高，而且还要求表面平整、光洁，无影响外观的缩水痕、熔接痕、缺料、飞边、裂纹和变形等工艺缺陷。从产品的结构上分析，本塑件结构简单，塑件底部有一深腔，无侧孔和侧凹，模具结构中不需要设计滑块和斜顶，所以采用一般的二板模具结构设计，采用侧浇口进料。

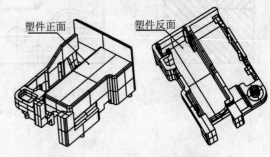

塑件正面　　塑件反面

图1-225　塑料支架示意图

1.3.15.2 模具结构设计

（1）分型面的选择及排气槽设计。模具结构如图1-226所示，该模具结构采用一模一腔的二板式侧浇口结构；在考虑选择动、定模的分型方案时，经过分析，为了便于脱模，以塑件的中间部位为动、定模的分型面，如图1-227所示A—A面为动、定模芯的分型面。

排气槽主要设置在定模芯上，如图1-228所示，排气槽设置的位置选在熔融塑料体的外部四周，排气槽深度为0.03mm，宽度为5mm，封胶位长为2mm，以防溢流，排气槽的延伸部位要开深0.5mm、宽5mm的引气槽，外部四周的排气槽通过引气槽引空气到动、定模芯的外面，最后通过动、定模板的间隙进行排气。

（2）浇注系统的设计。由于产品结构简单，无侧孔和侧凹，所以该模具采用一模一腔的二板模结构及扇形式侧浇口的浇注系统。通过运用MoldFlow软件进行流动分析，得出如图1-229所示的合理的流道系统形状和排布位置，并对浇口尺寸、流道尺寸进行了优化。在主浇口的末端设有冷料穴，以防浇口被熔融塑料前锋面上的冷料堵塞。由于该模具是二板模，将浇口套的流道设计成锥度为1°的锥形，浇口套小端直径为5.5mm，其球面直径为SR20mm，内表面粗糙度值为$R_a0.4\mu m$，并安排了1支拉料杆把冷凝料从主流道中拉出和把冷凝料从分流道中顶出。

（3）脱模机构的设计。由于塑件无侧凹和侧孔，模具就不用设计滑块和斜顶等脱模机构，在塑件的收缩力的作用下，使塑件和浇注系统的冷凝料都留在动模芯上，为了使塑件和浇注系统的冷凝料从动模芯中脱模，决定增加3支直径大小不同的圆顶针、8支扁顶针和1支顶料杆，圆顶针、扁顶针和顶料杆都固定在顶针固定板上，整个脱模机构采用弹簧顶

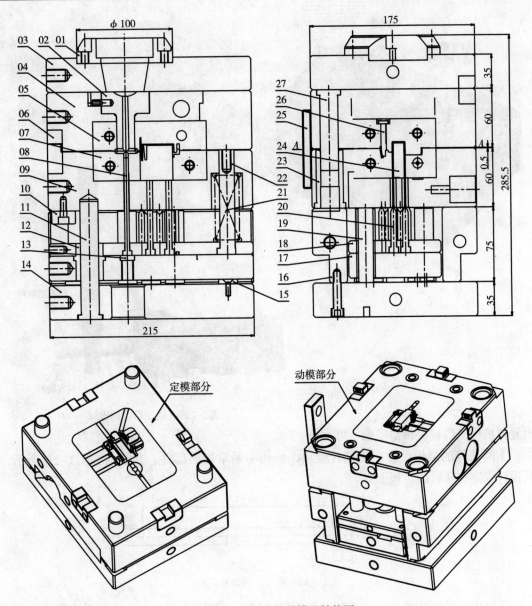

图1-226　塑料支架的模具结构图

01.定位圈　02.浇口套　03.顶板　04.定模板　05.定模芯　06.方定位器　07.动模芯　08.顶料杆　09.动模板　10.限位柱　11.顶针板导柱　12.顶针板导套　13.垫板　14.底板　15.垃圾钉　16.垫块　17.顶针底板　18.顶针固定板　19.支撑柱　20.扁顶针　21.弹簧　22.弹簧导杆　23.导套　24.动模镶件　25.锁模块　26.定模镶件　27.导柱

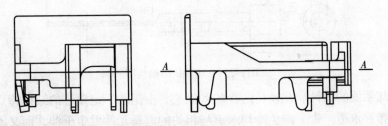

图1-227　分型面位置

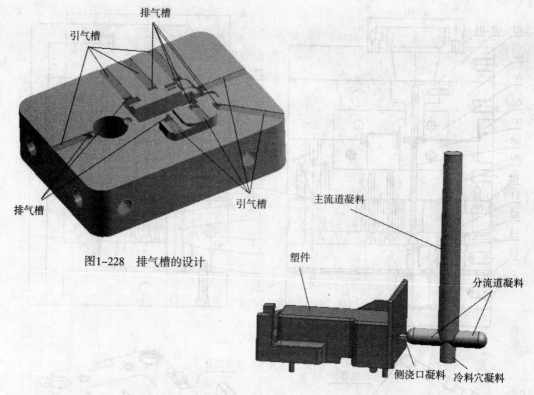

图1-228 排气槽的设计

图1-229 浇注系统的设计

出复位机构，以确保顶出平稳、可靠。

①圆顶针的结构设计。圆顶针是顶出机构中最常用的部件，其结构如图1-230所示，圆顶针固定在顶针固定板上。

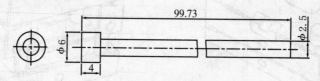

图1-230 圆顶针的结构图

②扁顶针的结构设计。由于塑件的边缘比较小，选用直径大一点的圆顶针位置不够，选用直径小一点的圆顶针又强度不够，所以在这种情况下就要使用扁顶针来顶出塑件，其结构如图1-231所示。

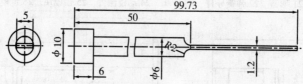

图1-231 扁顶针的结构图

（4）冷却系统的设计。该模具的冷却系统主要根据动、定模芯的结构特点以及模具元件的分布来布置水道。为了避免冷却水道与相关的模具元件发生干涉，而又不影响其冷却效果，决定在动模芯上设计1条一进一出的内循环式冷却水道，为了防止漏水，在动模板上开设密封槽，采用O形密封圈进行密封，水管接头安装在动模板上，如图1-232所示；在定模芯上设计1条一进一出的内循环式冷却水道，由于定模板与定模芯一样高，为了防止漏水，在模具顶板上开设密封槽，采用O形密封圈进行密封，通过顶板把定模芯与定模板上的水道连接起来，水管接头安装在定模板上，如图1-233所示。

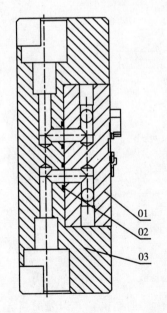

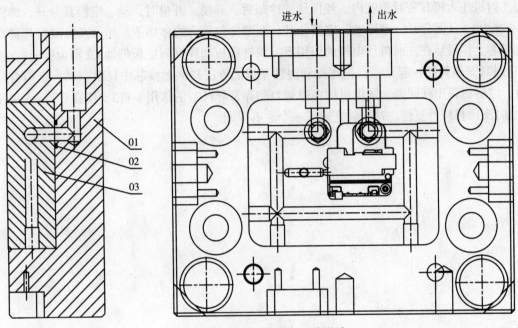

图1-232 动模上的冷却系统设计

01.动模板　02.O形密封圈　03.动模芯

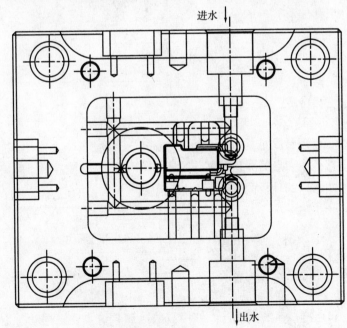

图1-233 定模上的冷却系统设计

01.定模芯　02.O形密封圈　03.定模板

1.3.15.3 模具结构及工作过程

该模具属于二板模，模具最大外形尺寸为215mm×175mm×265.5mm，顶出距离为20mm，模架采用龙记模架，模具所有活动部分保证定位准确，动作可靠，不得有卡滞现象，固定零件紧固无松动。其模具工作过程：动、定模合模，熔融塑料经塑化、计量后通过注射机注入模具密封型腔内，经保压、冷却后，开模。开模时，动、定模具分开，即图1-226中A—A面分开，也即动、定模分开，在塑件包紧力的作用下，塑件及冷凝料都留在动模芯上，最后在注射机顶出杆的作用下，顶针底板和顶针固定板带动3支圆顶针、8支扁顶针和1支顶料杆一起运动，把塑件和浇注系统的冷凝料从动模芯中顶出。动、定模合模时，注射机顶出杆回退，顶出机构在弹簧21和弹簧导杆22的作用下将3支圆顶针、8支扁顶针和1支顶料杆等复位，这样就完成了一个注射周期。

第 2 章　常用三板模的结构设计及实例详解

2.1　三板模的结构设计

常用的三板模比二板模多一块可定距移动的剥料板，多二次分型（共三次分型），在定模板与动模板之间装有开闭器（分塑胶和机械两种），这种装置必须在外部加拉力达到一定值时才会使动、定模板分开，以保证在三板模中动、定模板不首先分开，开模时，可让塑件与浇注系统的冷凝料从两个不同的分型面取出，图 2-1 为一典型的三板模结构。

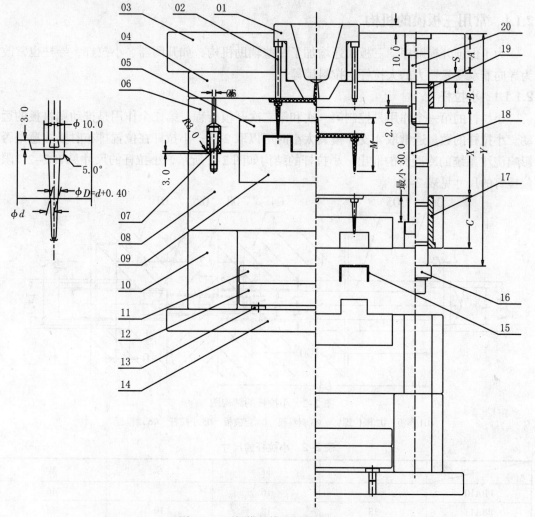

图 2-1　三板模的模具结构图

01.浇口套　02.拉料杆　03.顶板　04.剥料板　05.定模芯　06.定模板　07.树脂开闭器
08.动模板　09.动模芯　10.垫块　11.顶针固定板　12.顶针底板　13.垃圾钉　14.底板
15.塑件　16.大拉杆　17、19.导套　18.小拉杆　20.限位螺丝

注意： a. 当模胚选用细水口模胚时，定模胚的同时也要将水口边的长度定出 $Y=A+B+C+X+S+$（1~3） $X=M+$（15~20）（X 不能小于 100mm，S 常取 10mm）。

b. 小拉杆、树脂开闭器的选定见表 2-1。

表 2-1　模胚与小拉杆等的设计规范　　　　　　　　　　　　　　（mm）

模胚规格	小拉杆直径	开闭器直径	数量
3030 以下	$\phi13$	$\phi13$	4
3030~4045	$\phi16$	$\phi16$	4
4045~5055	$\phi20$	$\phi20$	4
5055 及以上	$\phi25$	$\phi20$	4

2.1.1　常用三板模的机构

为了保证开模顺序，三板模还增加了一些辅助机构，如开闭器、小拉杆，导柱也常改为导向兼承受悬臂力的大拉杆、拉料销等。

2.1.1.1　小拉杆

小拉杆的第一个作用是控制第一次和第二次开模行程，第二个作用是推动剥料板的运动。小拉杆的数量通常取 4 支，模具太小时可以取 2 支；小拉杆在位置排布时要注意是否影响浇注系统的冷凝料的取出。小拉杆的结构如图 2-2 所示，小拉杆的尺寸见表 2-2，限位螺钉的尺寸见表 2-3。

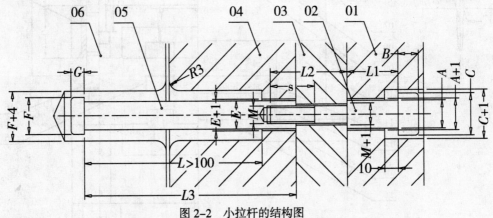

图 2-2　小拉杆的结构图

01.顶板　02.限位螺钉　03.剥料板　04.定模板　05.小拉杆　06.动模板

表 2-2　小拉杆的尺寸　　　　　　　　　　　　　　（mm）

型号＼规格	ϕE	ϕF	G	M
PBA10	10	16	8	M6
PBA13	13	18	10	M8
PBA16	16	24	14	M10
PBA20	20	28	14	M12
PBA25	25	33	18	M16

表 2-3 限位螺钉的尺寸 (mm)

型号 \ 规格	ϕA	B	ϕC	$L1$	$L2$	S	M
PBC10	10	8	16	16	22	18	M6
				21	27		
PBC13	13	10	18	14	30	24	M8
				19	35		
				24	40		
PBC16	16	14	24	15	35	26	M10
				20	40		
				30	45		
PBC20	20	14	28	20	45	30	M12
				30	50		
				35	55		
PBC25	25	18	33	31	60	38	M16
				41	65		

2.1.1.2 大拉杆

大拉杆的第一个作用是支撑模板及剥料板的重量，第二个作用是起导向作用。当设计小型塑件，其模具的模座比较小，位置不是很充分时，通常以大拉杆导向代替导柱，其位置也位于标准模座的导柱位置。当设计大型塑件，其模具的模座比较大，位置比较充分时，大拉杆和导柱同时起导向作用。大拉杆的结构图如图 2-3 所示。

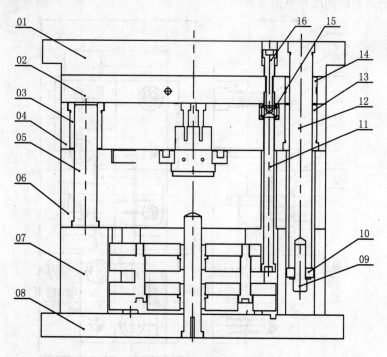

图 2-3 大拉杆的结构图

01.顶板　02.剥料板　03.导套　04.定模板　05.导柱　06.动模板
07.垫块　08.底板　09.锁紧螺钉　10.压板　11.小拉杆　12.大拉杆
13、14.导套　15.弹簧　16.限位螺钉

2.1.1.3 开闭器

开闭器的作用是将动模的开模力传递至定模板上，开闭器有两种类型，一种类型是树脂开闭器，另一种类型是钢制开闭器。

(1) 树脂开闭器的适用范围如下。

①适用于100℃以下的模温。

②适用于受力不太大的模具。

树脂开闭器的结构形式如图2-4所示，尺寸见表2-4。

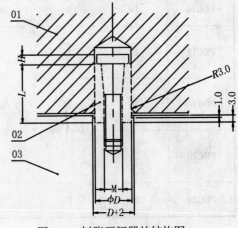

图2-4 树脂开闭器的结构图

表2-4 树脂开闭器的尺寸 (mm)

规格 型号	D	L	H	M
PL13	13	20	3.2	M6
PL16	16	25	4	M8
PL20	20	30	6	M10

(2) 钢制开闭器的优点是可以耐高温、可以受较大的力。钢制开闭器的适用范围如下。

①适用于高模温的模具。

②适用于所需拉力大的较大模具。

钢制开闭器的结构尺寸见图2-5。

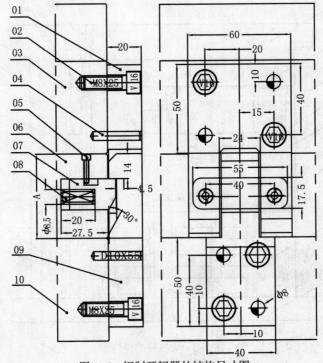

图2-5 钢制开闭器的结构尺寸图

01.拉板 02.内六角螺钉 03.剥料板 04.定位销 05.限位螺钉
06.定模板 07.滑块 08.弹簧 09.挂板 10.动模板

2.1.1.4 拉料销

拉料销的作用是将浇口处的冷凝料从定模板和定模芯内拉出，并且在第一次开模时，拉料销的倒钩形成顶板与剥料板分开的阻力。

设计拉料销的注意事项如下。

①在每个进胶点的上方，都要排布拉料销。

②对于冷凝料较长或有曲线变化时，每隔一段距离在转弯处增加拉料销。

③拉料销的头部应埋在剥料板内。

拉料销的结构图见图2-6。

2.1.2 行程计算

2.1.2.1 小拉杆的行程计算

行程 $S1=$ 浇注系统的冷凝料长度 $(L)+(20\sim35)$ mm

计算小拉杆行程时的注意事项如下。

①计算行程时，首先应确定冷凝料断开的地方。

②在剥料板与定模板间可加弹簧，来确保第一次分模，弹簧行程取20mm左右。

小拉杆的行程计算结构图见图2-7。

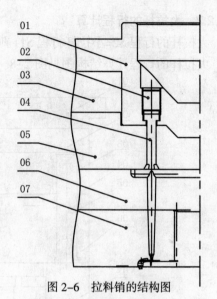

图2-6　拉料销的结构图

01.定位圈　02.紧定螺钉　03.顶板　04.拉料销
05.剥料板　06.定模板　07.定模芯

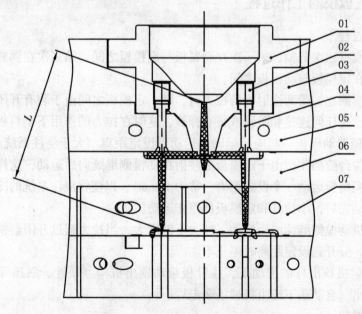

图2-7　小拉杆的行程计算结构图

01.定位圈　02.紧定螺钉　03.顶板　04.拉料销
05.剥料板　06.定模板　07.定模芯

2.1.2.2 大拉杆的行程计算

大拉杆的行程 $S2=$小拉杆行程 $S1$+剥料板行程（10mm）+安全值（2mm）

大拉杆的行程计算结构图见图2-8。

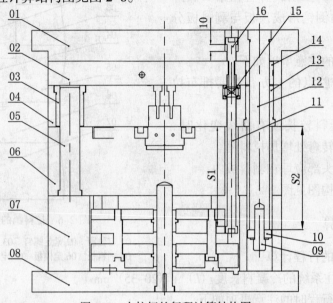

图 2-8　大拉杆的行程计算结构图

01.顶板　02.剥料板　03.导套　04.定模板　05.导柱　06.动模板　07.垫块　08.底板
09.锁紧螺钉　10.压板　11.小拉杆　12.大拉杆　13、14.导套　15.弹簧　16.限位螺钉

2.1.3　常用三板模的工作过程

2.1.3.1 开模过程

常用三板模有三次分型，第一次在剥料板与定模板之间，第二次在剥料板与模具顶板之间，第三次在定模板与动模板之间。

（1）当动模侧起初受到注射机的拉力时，动、定模板之间由于装有开闭器，而剥料板与定模板之间没有任何连接和阻碍或装有弹簧，这时在拉力的作用下剥料板与定模板首先分开，定模板随着动模板一起向后运动，运动到设定距离（大于浇注系统的冷凝料）时，被小拉杆的限位台阶挡住，由于定模板随注射机动模侧继续向后运动，这样小拉杆也被带动，它又带动剥料板运动一个设定距离（常为10mm），以便将浇注系统的冷凝料去除，这个设定距离运动完后，小拉杆和定模板都停止运动。

（2）注射机动模侧继续向后运动，拉力不断增大，当拉力超过开闭器锁紧力，定模板与动模板分开，分开到设定距离时停止不动。

（3）在注射机顶出杆的推动下，顶针板带动顶出机构（顶针、斜顶等）开始顶出动作，将成品顶出（自动落下或由机械手取走）。

2.1.3.2 合模过程

当顶出板上有拉回（或急回）机构时，在合模前，顶针板被注射机（或急回机构）强制回位，一般情况下由弹簧力弹回。

（1）在注射机的推动下，动模侧向定模侧运动，若顶针板没有被预先拉回，复位杆最先接触定模板，由于反作用力，顶针板在复位杆 06 的带动下回位，如图 2-9 所示。

（2）动模板压向定模板和剥料板，最后完全合紧，注射机上的喷嘴与模具上的浇口套紧密配合（为防止喷嘴流涎及拉丝，加工中应保证密合），开始注射。这样就完成了注塑模具的整个运动周期。

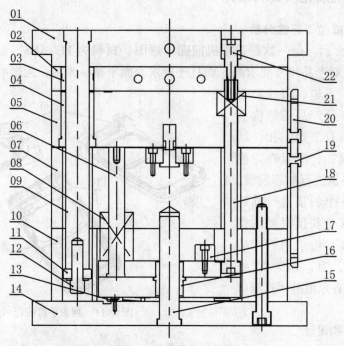

图 2-9 三板模的结构图

01.顶板 02.剥料板 03、04.导套 05.定模板 06.复位杆 07.动模板 08.弹簧
09.大拉杆 10.垫块 11.压板 12.锁紧螺钉 13.垃圾钉 14.底板 15.顶针板导柱
16.顶针板导套 17.限位柱 18.小拉杆 19.挡圈 20.拉板 21.弹簧 22.限位螺钉

2.1.4 三板模的应用范围

三板模的应用范围如下。

①一模一腔且要求点浇口进料的大中型塑体。

②一模多腔且要求点浇口进料的塑体。

③一模一腔要求多点进料的塑体。

点浇口进料的结构尺寸如图 2-10 所示。

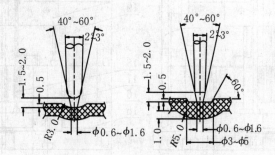

图 2-10 点浇口的结构尺寸图

2.2 三板模的实例详解

2.2.1 翻盖手机前壳模具的设计

2.2.1.1 塑件的成型工艺性分析

如图 2-11 所示，是一款翻盖手机前壳示意图，材料为 PC+ABS，缩水率为 5/1000，产品成型后不仅对产品尺寸要求高，而且还要求表面平整、光洁，无影响外观的缩水痕、熔接痕、缺料、飞边、裂纹和变形等工艺缺陷。从产品的结构上分析，定模部分有 2 处倒扣，动模部分有 5 处倒扣，所以在定模上要安排 2 个斜顶进行抽芯脱模，动模上要安排 5 个斜顶进行抽芯脱模，动模上安排斜顶时要注意保证斜顶的强度，由于手机产品对外观要求较高，为了不影响产品外观，决定采用香蕉形潜伏式浇口进料。

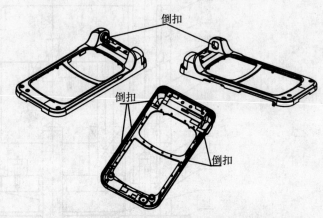

图 2-11　翻盖手机前壳示意图

2.2.1.2 模具结构设计

（1）分型面的选择及排气槽设计。模具结构如图 2-12 所示，该模具结构采用一模一腔的三板模潜伏式浇口结构；在考虑选择动、定模的分型方案时，经过分析，应以该塑件的最大轮廓处为动、定模的分型面，故选择手机外壳的底面为模具的动、定模分型面，如图 2-13 的 *A—A* 所示。

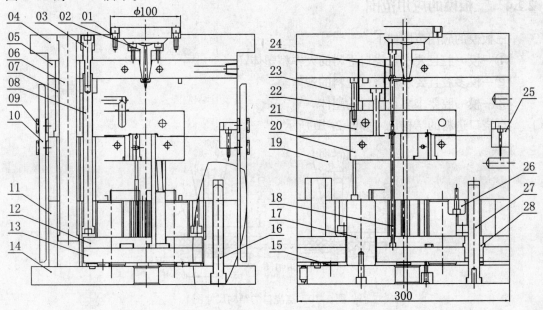

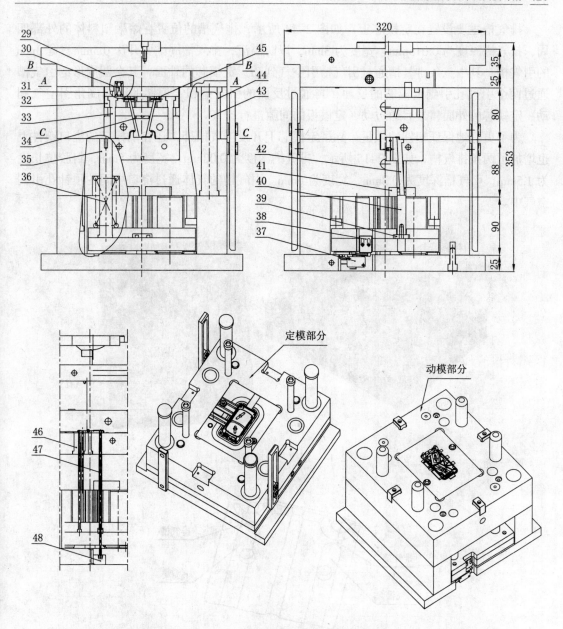

图 2-12　翻盖手机前壳的模具结构图

01.定位圈　02.浇口套　03.限位螺钉　04.顶板　05.剥料板　06.大拉杆　07.大拉杆导套　08.小拉杆　09.挡圈　10.拉板　11.垫块　12.顶针固定板　13.顶针底板　14.底板　15.垃圾钉　16、22.紧固螺钉　17.支撑柱　18.顶针　19.动模板　20.动模芯　21.定模芯　23.定模板　24.拉料销　25.方定位器　26.限位柱　27.顶针板导柱　28.顶针板导套　29.固定板　30、36.弹簧　31.斜顶底板　32.斜顶固定板　33.回程杆　34.定模斜顶　35.弹簧导杆　37.行程开关　38.行程开关压板　39.导杆压块　40.斜顶导杆　41.斜顶导板　42.动模斜顶　43.导柱　44.导套　45.斜顶滑座　46.浇口镶件　47.司筒针　48.司筒针压板

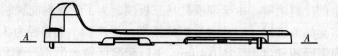

图 2-13　分型面位置

排气槽主要设置在定模芯上，如图 2-14 所示，排气槽的位置在熔融塑料体的外部四周，排气槽深度为 0.015mm，宽度为 3mm，以防溢流，排气槽周围要开深 0.5mm、宽 3mm 的引气槽，其中三条排气槽通过引气槽引空气到动、定模芯的外面，其余圆周形的引气槽通过两个引气孔引到定模芯的反面，再通过反面的引气槽和定模芯的四周倒角引空气到动、定模芯的外面，最后通过动、定模板的间隙进行排气。

为了更好地保证塑件的质量，除了定模芯上开设排气槽外，还在动模芯的浇口镶件上也增加了两条排气槽，如图 2-15 所示，排气槽深度为 0.02mm，宽度为 5mm，封胶位长度为 1.5mm，引气槽深度为 0.2mm，宽度为 6mm。引气槽的气体通过浇口中间的顶针孔引到空气中。

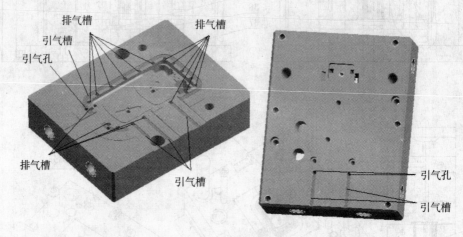

图 2-14　定模芯的排气槽设计

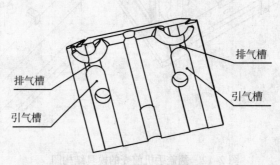

图 2-15　浇口镶件的排气槽设计

（2）浇注系统的设计。由于产品尺寸精度要求较高，产品外表面光滑，所以该模具采用一模一腔的三板模结构及潜伏式浇口浇注系统。通过运用 MoldFlow 软件进行流动分析，得出如图 2-16 所示的最佳的浇口数量和位置，以及合理的流道系统形状和排布位置，并对浇口尺寸、流道尺寸也进行了优化。在主浇口和分流道的末端设有冷料穴，以防浇口被熔融塑料前锋面上的冷料堵塞。由于该模具是三板模，为了使凝料能顺利从主流道和分流道中脱离，将浇口套的流道设计成锥度为 2° 的锥形，浇口套小端直径为 3.5mm，其球面直径为 SR20mm，内表面粗糙度值为 $R_a0.4\mu m$，浇口套前部做一倒锥，锥角为 14°，其作用是把冷凝料拉在浇口套上，浇口套与剥料板接触的前部做成锥度配合的形式，锥角为 20°，其作用是剥料板与浇口套接触时便于导向，其结构尺寸图如图 2-17 所示；在顶板上设有两支拉料销，在定模板 23 和顶板 04 中间增加了一块剥料板 05。

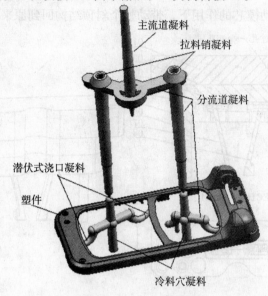

图 2-16　浇注系统的设计

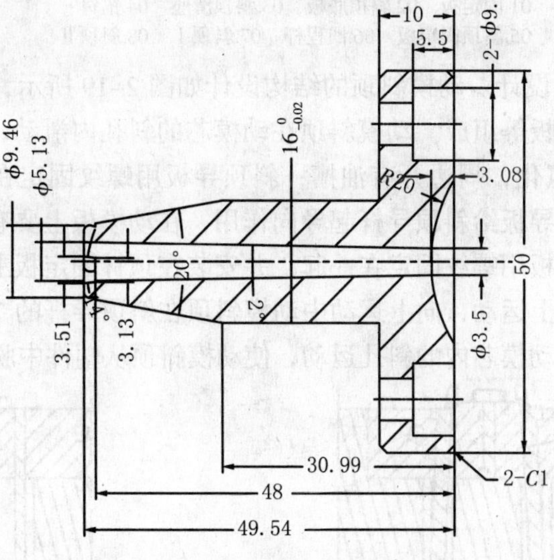

图 2-17　浇口套的结构尺寸图

（3）脱模机构的设计。由于塑件正面有 2 处倒扣，背面有 5 处倒扣，为了便于脱模，决定在定模部分设计 2 个斜顶、在动模部分设计 5 个斜顶进行抽芯，定模部分的斜顶斜角为 13°，动模部分的斜顶斜角为 3°，同时为了使塑件从动模芯中脱模，决定增加 12 支顶针和 2 支司筒针。为了保证动模斜顶的强度，动模斜顶为两节结构形式，由斜顶和斜顶导杆组成，动模斜顶和顶针固定在顶针固定板上。整个脱模机构采用弹簧顶出复位系统，以确保顶出平稳、可靠。

①定模斜顶的结构设计。定模斜顶的结构如图 2-18 所示，整个结构由固定板、斜顶底板、斜顶滑座、销钉、斜顶固定板、回程杆、斜顶 I、斜顶 II 组成。其中固定板与定模

板通过 4 个螺纹连接在一起，斜顶底板与斜顶固定板通过 4 个螺纹连接在一起，开模时，在 4 个弹簧力的作用下，整个结构除固定板外都向下运动，使斜顶处的倒扣从塑件中脱离；合模时，回程杆在动模芯的作用下，带动整个斜顶结构回到原来位置。

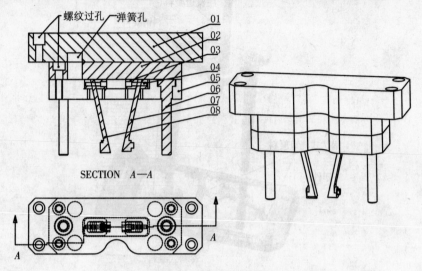

图 2-18　定模斜顶结构图

01.固定板　02.斜顶底板　03.斜顶滑座　04.销钉
05.斜顶固定板　06.回程杆　07.斜顶Ⅰ　08.斜顶Ⅱ

②动模斜顶的结构设计。动模斜顶的结构设计如图 2-19 所示，由动模斜顶、斜顶导板、斜顶导杆和导杆压板等组成。动模斜顶在动模芯的斜孔内滑动，动模斜顶的材料是进口模具钢 8407，表面氮化，周边开有油槽；斜顶导板用螺纹固定在动模板上，斜顶导板的材料是锡青铜；斜顶导板给斜顶导杆起导向作用，在动模板上要有斜顶导杆运动的避空位，斜顶导杆与导杆压板用螺纹固定在一起，并安装在顶针固定板上。当顶针底板向上运动时，推动斜顶导杆向上运动，向上运动中动模斜顶在斜顶导杆的 7 字形或 T 字形导滑槽内移动，并推动斜顶沿动模芯内的斜孔运动，使动模斜顶从塑件中脱离。

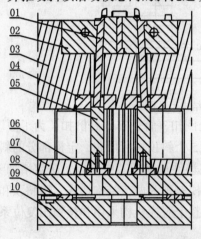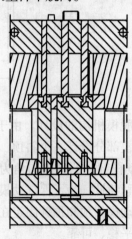

图 2-19　动模斜顶结构图

01.动模斜顶　02.动模芯　03.动模板　04.斜顶导板　05.斜顶导杆
06.导杆压板　07.顶针固定板　08.顶针底板　09.垃圾钉　10.底板

③圆顶针的结构设计。圆顶针是顶出机构中最常用的部件，其结构如图 2-20 所示，圆顶针固定在顶针固定板上。

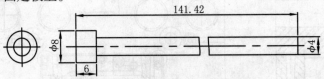

图 2-20　圆顶针的结构图

④司筒针的结构设计。由于塑件底部有小的盲孔，所以要采用司筒针结构，通孔的形状由司筒针的针组成，司筒针的外管（司筒）起顶出塑件的作用，司筒针的外管固定在顶针固定板上，司筒针的内针固定在模具的底板上，其结构如图 2-21 所示。

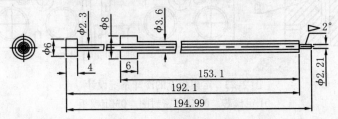

图 2-21　司筒针的结构图

（4）冷却系统的设计。由于该模具是三板模，其冷却系统除了根据动、定模芯的结构特点以及模具元件的分布来布置水道外，还要在剥料板上设计水道。为了避免冷却水道与相关的模具元件发生干涉，而又不影响其冷却效果，决定在动模芯上设计 1 条一进一出的内循环式冷却水道，为了防止漏水，在动模板上开设密封槽，采用 O 形密封圈进行密封，水管接头安装在动模板上，如图 2-22 所示；在定模芯上设计 1 条一进一出的内循环式冷却水道，为了防止漏水，在定模板上开设密封槽，采用 O 形密封圈进行密封，水管接头安装在定模板上，如图 2-23 所示；在剥料板上设计出 1 条一进一出的内循环式冷却水道，水管接头安装在剥料板上，如图 2-24 所示。

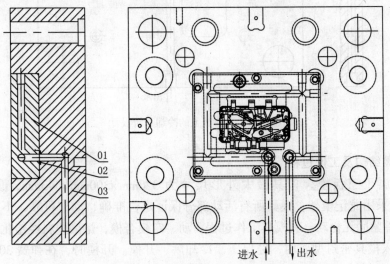

图 2-22　动模板上的冷却系统设计
01.动模芯　02.O 形密封圈　03.动模板

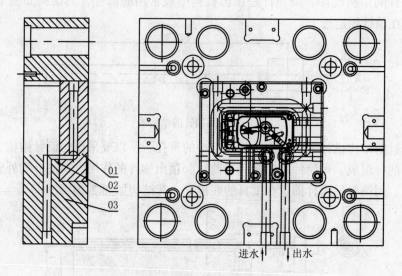

图 2-23　定模板上的冷却系统设计
01.定模芯　02.O 形密封圈　03.定模板

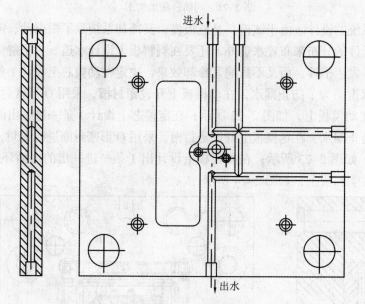

图 2-24　剥料板上的冷却系统设计

2.2.1.3　模具结构及工作过程

该模具属于三板模，模具最大外形尺寸为 320mm×300mm×343mm，顶出距离为 30mm，模架采用龙记模架，模具所有活动部分保证定位准确，动作可靠，不得有卡滞现象，固定零件紧固无松动。其模具工作过程：动、定模合模，熔融塑料经塑化、计量后通过注射机注入模具密封型腔内，经保压、冷却后，开模。开模时，在弹簧 30 的作用下，使定模板 23 和剥料板 05 先分开，即图 2-12 中 A—A 面先分开，使定模上的凝料从定模板上脱离，继续开模，在小拉杆 08 的作用下，使剥料板脱离顶板，即图 2-12 中 B—B

面分开，把主流道的凝料从浇口套中剥离，继续运动，在大拉杆 06 和小拉杆 08 的同时作用下，动、定模具分开，即图 2-12 中 C—C 面分开，动、定模分开时，定模斜顶从塑件中脱离，开模到一定距离时，注射机顶出杆前进，顶出机构在顶出杆的带动下将塑件从动模芯中顶出，同时，塑件上的 5 个倒扣也从 5 个动模斜顶中脱出，当运动到顶出距离 30mm 时，取出塑件和流道凝料。动、定模合模时，注射机顶出杆回退，顶出机构在弹簧 36 和弹簧导杆 35 的带动下将 5 个动模斜顶和 12 支顶针、2 支司筒针等复位，这样就完成了一个注射周期。

2.2.2　直板手机前壳模具的设计

2.2.2.1　塑件的成型工艺性分析

如图 2-25 所示，是一款直板手机前壳示意图，材料为 PC+ABS，缩水率为 5/1000，产品成型后不仅对产品尺寸要求高，而且还要求表面平整、光洁，无影响外观的缩水痕、熔接痕、缺料、飞边、裂纹和变形等工艺缺陷。从产品的结构上分析，塑件的外表面上有一个手机挂饰孔，手机挂饰孔由一个侧孔与开模方向的直孔相通而成，塑件的内表面上有 6 个侧凹，所以在定模上要安排 1 个定模镶件与 1 个滑块镶件碰穿而形成手机挂饰孔，侧孔上的滑块镶件在斜导柱的作用下抽芯脱模，内表面上的 6 个侧凹通过动模上的 6 个斜顶进行抽芯脱模，动模上安排斜顶时要注意保证斜顶的强度，由于手机外壳要求较高，为了保证塑件的质量，决定采用两处点浇口进料。

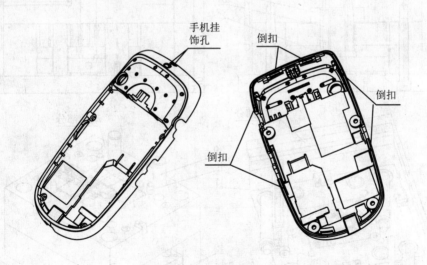

图 2-25　直板手机前壳示意图

2.2.2.2　模具结构设计

（1）分型面的选择及排气槽设计。模具结构如图 2-26 所示，该模具结构采用一模一腔的三板式点浇口结构，在考虑选择动、定模的分型方案时，经过分析，应以该塑件的最大轮廓处为动、定模的分型面，故选择手机外壳的底面为模具的动、定模分型面，如图 2-27 的 A-A 所示。

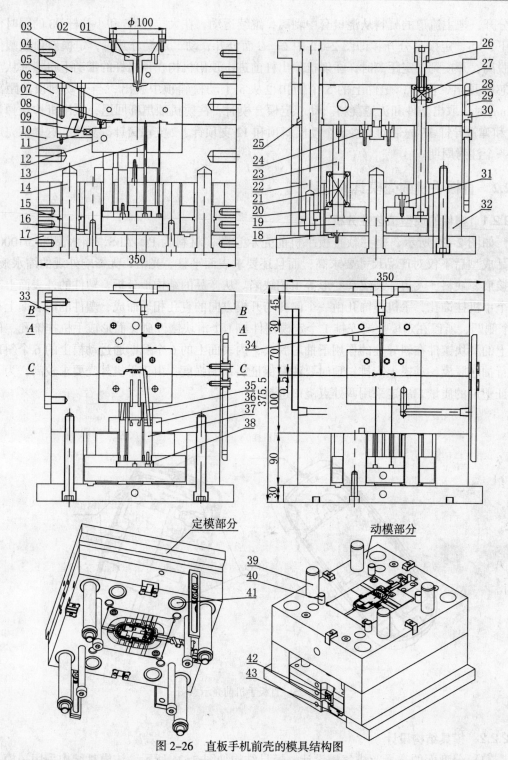

图 2-26　直板手机前壳的模具结构图

01.定位圈　02.浇口套　03.顶板　04.剥料板　05.定模芯　06.定模板　07.滑块镶件　08.拔块　09、21、27.弹簧
10.动模板　11.滑块　12.动模芯　13.顶针　14.顶针板导柱　15.顶针板导套　16.支撑柱　17.底板　18.垃圾钉
19.顶针底板　20.顶针固定板　22.大拉杆　23.弹簧导杆　24.滑块压板　25.大拉杆导套　26.限位螺钉　28.小拉
杆　29.拉板　30.挡圈　31.限位柱　32.垫块　33.锁模块　34.拉料销　35.动模斜顶　36.斜顶导板　37.斜顶导杆
38.导杆压板　39、41.导柱　40.树脂开闭器　42.行程开关压板　43.行程开关

图 2-27　分型面位置

排气槽主要设置在定模芯上，如图 2-28 所示，排气槽的位置选在熔融塑料体的外部四周，排气槽深度为 0.015mm，宽度为 4mm，封胶位长为 3mm，以防溢流，排气槽周围要开深 0.2mm、宽 4mm 的引气槽。所有的排气槽通过引气槽引空气到动、定模芯的外面，最后通过动、定模板的间隙进行排气。

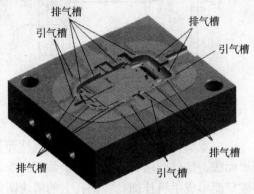

图 2-28　定模芯的排气槽设计

(2) 浇注系统的设计。由于产品尺寸精度要求较高，产品外表面光滑，所以该模具采用一模一腔的三板模结构及两处点浇口的浇注系统。通过运用 MoldFlow 软件进行流动分析，得出如图 2-29 所示的最佳的浇口数量和位置，以及合理的流道系统形状和排布位置，并对浇口尺寸、流道尺寸进行了优化。在主浇口和分流道的末端设有冷料穴，以防浇口被熔融塑料前锋面上的冷料堵塞。由于该模具是三板模，为了使凝料能顺利从主流道和分流道中脱离，将浇口套的流道设计成锥度为 2° 的锥形，浇口套小端直径为 3.5mm，其球面直径为 $SR20mm$，内表面粗糙度值为 $R_a0.4\mu m$，浇口套前部做一倒锥，锥角为 30°，其作用是把冷凝料拉在浇口套上，浇口套与剥料板接触的前部做成锥度配合的形式，锥角为 14°，其作用是剥料板与浇口套接触时便于导向，其结构尺寸图如图 2-30 所示。在顶板上设有两支拉料销，在定模板 06 和顶板 03 中间增加了一块剥料板 04。

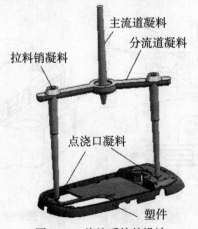

图 2-29　浇注系统的设计

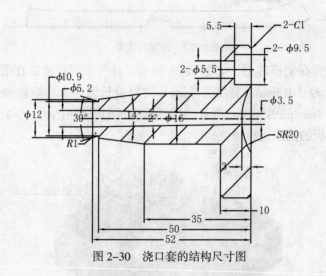

图 2-30　浇口套的结构尺寸图

　　(3) 脱模机构的设计。由于塑件的外表面上有一个手机挂饰孔，手机挂饰孔由一个侧孔与开模方向的直孔相通而成，塑件的内表面上有 6 个侧凹，所以在定模上要安排 1 个定模镶件与 1 个滑块镶件碰穿而形成手机挂饰孔，侧孔上的滑块镶件在拔块的作用下抽芯脱模，内表面上的 6 个侧凹通过动模上的 6 个斜顶进行抽芯脱模，动模部分的斜顶斜角为 5°；同时为了使塑件从动模芯中脱模，决定增加 6 支顶针。为了保证动模斜顶的强度，动模斜顶为两节结构形式，由斜顶和斜顶导杆组成，动模斜顶和顶针固定在顶针固定板上。整个脱模机构采用弹簧顶出复位系统，以确保顶出平稳、可靠。

　　①滑块抽芯机构的结构设计。滑块抽芯机构的结构设计如图 2-31 所示，由拔块、滑块、滑块镶件、弹簧、滑块压板、定位销等组成。拔块固定在定模板上，拔块的作用是在开模时带动滑块向外运动，合模时拔块的左边斜面与动模板接触保证滑块镶件在注射压力的作用下不向外运动，滑块在滑块压板与动模板形成的导滑槽内滑动；弹簧安装在滑块的弹簧孔内，定位销限制滑块滑动的最大距离，保证动、定模合模时，拔块能准确地进入滑块的斜槽内。开模时，动、定模分开，拔块带动滑块在导滑块内向外滑动，滑块镶件从塑件中脱离。

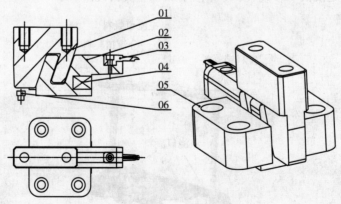

图 2-31　滑块抽芯机构的结构图
01.拔块　02.滑块　03.滑块镶件　04.弹簧　05.滑块压板　06.定位销

②动模斜顶的结构设计。动模斜顶的结构设计如图 2-32 所示，由动模斜顶、斜顶导板、斜顶导杆和导杆压板等组成。动模斜顶在动模芯的斜孔内滑动，动模斜顶的材料是进口模具钢 8407，表面氮化，周边开有油槽；斜顶导板用螺纹固定在动模板上，斜顶导板的材料是锡青铜；斜顶导板给斜顶导杆起导向作用，在动模板上要有斜顶导杆运动的避空位，斜顶导杆与导杆压板用螺纹固定在一起，并安装在顶针固定板上。当顶针底板向上运动时，推动斜顶导杆向上运动，向上运动中动模斜顶在斜顶导杆的 7 字形导滑槽内移动，并推动斜顶沿动模芯内的斜孔运动，使动模斜顶从塑件中脱离。

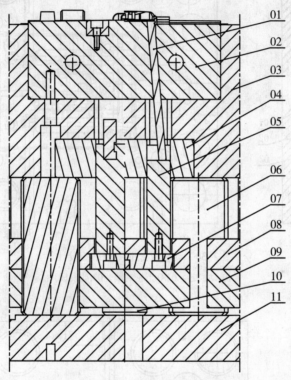

图 2-32　动模斜顶结构图

01.动模斜顶　02.动模芯　03.动模板　04.斜顶导板　05.斜拉导杆　06.支撑柱
07.导杆压板　08.顶针固定板　09.顶针底板　10.垃圾钉　11.底板

③圆顶针的结构设计。圆顶针是顶出机构中最常用的部件，其结构如图 2-33 所示，圆顶针固定在顶针固定板上。

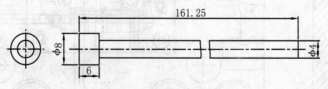

图 2-33　圆顶针的结构图

（4）冷却系统的设计。由于该模具是三板模，其冷却系统除了根据动、定模芯的结构特点以及模具元件的分布来布置水道外，还要在剥料板上设计水道。为了避免冷却水道与相关的模具元件发生干涉，而又不影响其冷却效果，决定在动模芯上设计 1 条一进一出的内循环式冷却水道，为了防止漏水，在动模板上开设密封槽，采用 O 形密封圈进行密封，水管接头安装在动模板上，如图 2-34 所示；在定模芯上设计 1 条一进一出的内循环式冷却水道，为了防止漏水，在定模板上开设密封槽，采用 O 形密封圈进行密封，水管接头安装在定模板上，如图 2-35 所示；在剥料板上设计出 1 条一进一出的内循环式冷却水道，水管接头安装在剥料板上，如图 2-36 所示。

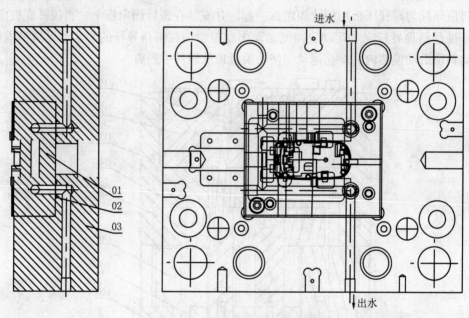

图 2-34　动模板上的冷却系统设计

01.动模芯　02.O 形密封圈　03.动模板

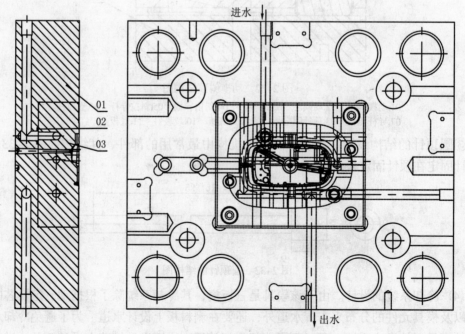

图 2-35　定模板上的冷却系统设计

01.定模芯　02.O 形密封圈　03.定模板

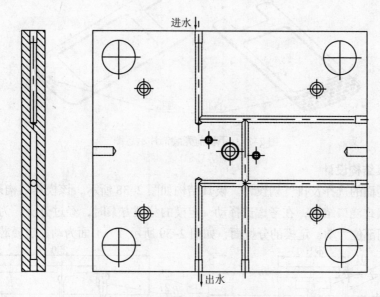

图 2-36　剥料板上的冷却系统设计

2.2.2.3　模具结构及工作过程

该模具属于三板模，模具最大外形尺寸为 350mm×350mm×365mm，顶出距离为 20mm，模架采用龙记模架，模具所有活动部分保证定位准确，动作可靠，不得有卡滞现象，固定零件紧固无松动。其模具工作过程：动、定模合模，熔融塑料经塑化、计量后通过注射机注入模具密封型腔内，经保压、冷却后，开模。开模时，在弹簧 27 的作用下，使定模板 06 和剥料板 04 先分开，即图 2-26 中 A—A 面先分开；使定模板上的凝料从定模板上脱离，继续开模，在小拉杆 28 的作用下，使剥料板脱离顶板，即图 2-26 中 B—B 面分开；把主流道的凝料从浇口套中剥离，继续运动，在大拉杆 22 和小拉杆 28 的同时作用下，动、定模具分开，即图 2-26 中 C—C 面分开，动、定模分开时，注射机顶出杆前进，顶出机构在顶出杆的带动下将塑件从动模芯中顶出，同时，塑件上内表面的 6 个侧凹也从 6 个动模斜顶中脱出，当运动到顶出距离 20mm 时，取出塑件和流道凝料。动、定模合模时，注射机顶出杆回退，顶出机构在弹簧 21 和弹簧导杆 23 的带动下将 6 个动模斜顶和 6 支顶针等复位，这样就完成了一个注射周期。

2.2.3　手机前壳装饰片模具的设计

2.2.3.1　塑件的成型工艺性分析

如图 2-37 所示，是一款手机前壳装饰片示意图，材料为 PC+ABS，缩水率为 5/1000，产品成型后不仅对产品尺寸要求高，而且还要求表面平整、光洁，无影响外观的缩水痕、熔接痕、缺料、飞边、裂纹和变形等工艺缺陷。从产品的结构上分析，塑件是一个平板类的零件，只有一些平行于开模方向的通孔和盲孔，无侧孔和侧凹，模具结构中不需要设计滑块和斜顶，由于本塑件是一款手机前壳装饰片，为了保证塑件的质量，决定采用潜伏式浇口的进料方式，模具结构采用三板模的结构形式。

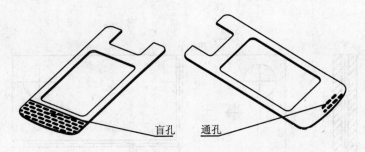

图 2-37　手机前壳装饰片示意图

2.2.3.2　模具结构设计

（1）分型面的选择及排气槽设计。模具结构如图 2-38 所示，该模具结构采用一模两腔的三板式潜伏式浇口结构；在考虑选择动、定模的分型方案时，经过分析，为了便于脱模，以塑件的中间部位为动、定模的分型面，如图 2-39 所示 A—A 面为动、定模芯的分型面。

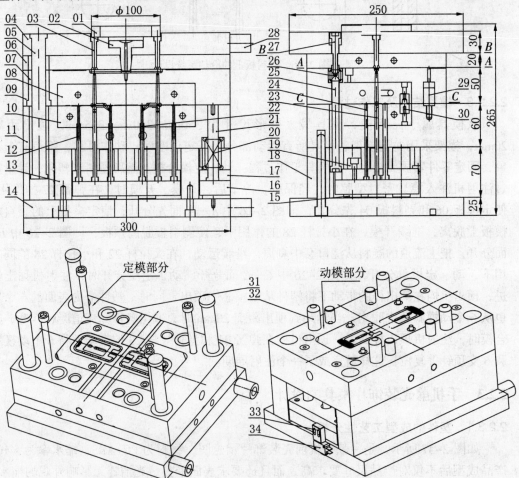

图 2-38　手机前壳装饰片的模具结构图

01.定位圈　02.浇口套　03.拉料销　04.顶板　05.大拉杆　06.剥料板　07.大拉杆导套　08.定模芯　09.定模板　10.动模芯　11.动模板　12、24.顶针　13.支撑柱　14.底板　15.垃圾钉　16.顶针底板　17.顶针固定板　18.垫块　19.限位柱　20、26.弹簧　21.弹簧导杆　22.进料顶针　23.拉料杆　25.小拉杆　27.限位螺钉　28.模脚　29.树脂开闭器　30.圆定位器　31.导套　32.导柱　33.行程开关压块　34.行程开关

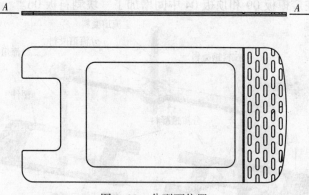

图 2-39　分型面位置

　　排气槽主要设置在定模芯上，如图 2-40 所示，排气槽设置的位置选在熔融塑料体的外部四周，排气槽深度为 0.015mm，宽度为 4mm，封胶位长为 3mm，以防溢流，排气槽周围要开深 0.5mm、宽 4mm 的引气槽。所有的排气槽通过引气槽引空气到动、定模芯的外面，最后通过定模板上的引气槽进行排气。

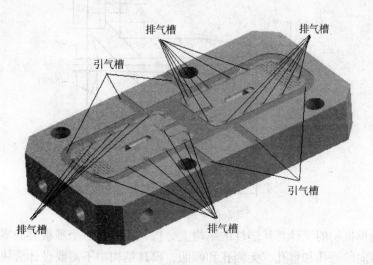

图 2-40　定模芯的排气槽设计

　　(2) 浇注系统的设计。由于产品尺寸精度要求较高，产品外表面光滑，所以该模具采用一模两腔的三板模结构及潜伏式浇口的浇注系统。通过运用 MoldFlow 软件进行流动分析，得出如图 2-41 所示的最佳的浇口数量和位置，以及合理的流道系统形状和排布位置，并对浇口尺寸、流道尺寸进行了优化。在主浇口和分流道的末端设有冷料穴，以防浇口被熔融塑料前锋面上的冷料堵塞。由于该模具是三板模，为了使凝料能顺利从主流道和分流道中脱离，将浇口套的流道设计成锥度为 2° 的锥形，浇口套小端直径为 3.5mm，其球面直径为 $SR20mm$，内表面粗糙度值为 $R_a0.4\mu m$，浇口套前部做一倒锥，锥角为 30°，其作用是把冷凝料拉在浇口套上，浇口套与剥料板接触的前部做成锥度配合的形式，锥角为 14°，其作用是剥料板与浇口套接触时便于导向，其结构尺寸图如图 2-42 所示；在顶板上设有两支拉料销 03,在定模板 09 和顶板 04 中间增加了一块剥料板 06。

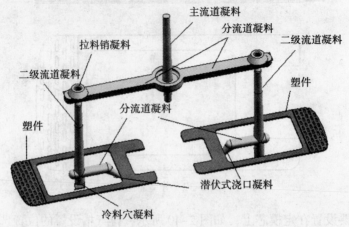

图 2-41 浇注系统的设计

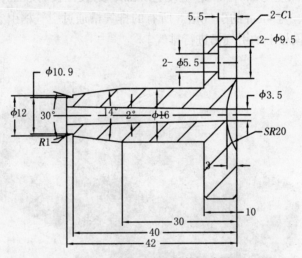

图 2-42 浇口套的结构尺寸图

（3）脱模机构的设计。从塑件的结构上分析,塑件是一个平板类的零件,只有一些平行于开模方向的通孔和盲孔,无侧孔和侧凹,模具结构中不需要设计滑块和斜顶,塑件和浇注系统的冷凝料在拉料杆和潜伏式浇口等的作用下留在动模芯上;同时为了使塑件从动模芯中脱模,决定用 12 支圆顶针、2 支进浇用的扁顶针和 2 支冷料穴拉料杆把塑件和浇注系统的冷凝料从动模芯中顶出,顶针和拉料杆都安装在顶针固定板上,整个脱模机构采用弹簧顶出复位系统,以确保顶出平稳、可靠。

①圆顶针的结构设计。圆顶针是顶出机构中最常用的部件,其结构如图 2-43 所示,圆顶针固定在顶针固定板上。

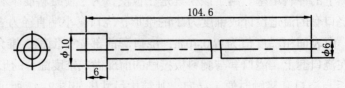

图 2-43 圆顶针的结构图

②进浇用的扁顶针的结构设计。由于塑件是一个平板类的手机装饰件产品，对产品的外表面要求比较高，为了不在塑件的外表面留下浇口痕迹，采用潜伏式浇口进料的方式，并利用扁顶针的削边口进料，如图 2-44 所示，扁顶针固定在顶针固定板上。

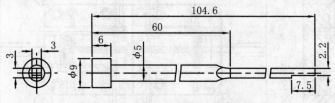

图 2-44　进浇用的扁顶针的结构图

③拉料杆的结构设计。为了便于模具开模时二级流道凝料从定模芯和定模板中脱出，特在二级流道的对面冷料穴处各增加一支 Z 形拉料杆，其结构如图 2-45 所示，拉料杆的尾部台阶部分固定在顶针固定板上，Z 形拉料杆的前部拉住二级流道凝料从定模芯和定模板中脱出。

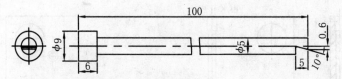

图 2-45　拉料杆的结构图

（4）冷却系统的设计。由于该模具是三板模，其冷却系统除了根据动、定模芯的结构特点以及模具元件的分布来布置水道外，还要在剥料板上设计水道。为了避免冷却水道与相关的模具元件发生干涉，而又不影响其冷却效果，决定在动模芯上设计 2 条一进一出的内循环式冷却水道，为了防止漏水，在动模板上开设密封槽，采用 O 形密封圈进行密封，水管接头安装在动模板上，如图 2-46 所示；在定模芯上设计 2 条一进一出的内循环式冷却水道，为了防止漏水，在定模板上开设密封槽，采用 O 形密封圈进行密封，水管接头安装在定模板上，如图 2-47 所示；在剥料板上设计出 1 条一进一出的内循环式冷却水道，水管接头安装在剥料板上，如图 2-48 所示。

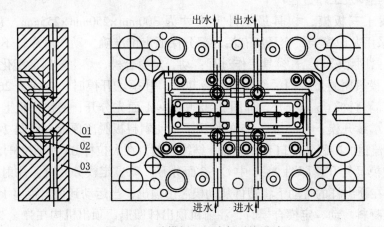

图 2-46　动模板上的冷却系统设计

01.动模芯　02.O 形密封圈　03.动模板

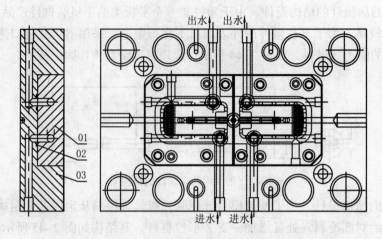

图 2-47　定模板上的冷却系统设计
01.定模芯　02.O 形密封圈　03.定模板

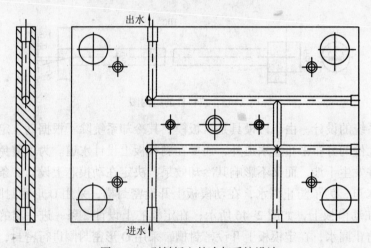

图 2-48　剥料板上的冷却系统设计

2.2.3.3　模具结构及工作过程

　　该模具属于三板模，模具最大外形尺寸为 300mm×250mm×255mm，顶出距离为 15mm，模架采用龙记模架，模具所有活动部分保证定位准确，动作可靠，不得有卡滞现象，固定零件紧固无松动。其模具工作过程：动、定模合模，熔融塑料经塑化、计量后通过注射机注入模具密封型腔内，经保压、冷却后，开模。开模时，在弹簧 26 的作用下，使定模板 09 和剥料板 06 先分开，即图 2-38 中 A—A 面先分开；使定模板上的凝料从定模板上脱离，继续开模，在小拉杆 25 的作用下，使剥料板脱离顶板，即图 2-38 中 B—B 面分开；把主流道的凝料从浇口套中剥离，继续运动，在大拉杆 05 和小拉杆 25 的同时作用下，动、定模具分开，即图 2-38 中 C—C 面分开。动、定模分开时，注射机顶出杆前进，顶出机构在顶出杆的带动下将塑件从动模芯中顶出，当运动到顶出距离 15mm 时，取出塑件和流道凝料。动、定模合模时，注射机顶出杆回退，顶出机构在弹簧 20 和弹簧导杆 21 的带动下将 12 支圆顶针、2 支进浇用的扁顶针和 2 支 Z 形拉料杆等复位，这样就完成了一个注射周期。

2.2.4 电话机前壳模具的设计

2.2.4.1 塑件的成型工艺性分析

如图 2-49 所示，是一款电话机前壳示意图，属于机壳类产品，材料为 PC+ABS，缩水率为 5/1000，产品成型后不仅对产品尺寸要求高，而且还要求表面平整、光洁，无影响外观的缩水痕、熔接痕、缺料、飞边、裂纹和变形等工艺缺陷。从产品的结构上分析，塑件有大小不一的按键孔和喇叭孔，塑件的内表面上有一些大小不同的连接螺纹孔，以及增加塑件强度的十字形的加强筋，无侧孔和侧凹，模具结构中不需要设计滑块和斜顶，由于电话机外壳尺寸比较大，内部筋条较多，为了保证塑件的质量和提高生产率，决定采用三处进料的方式，其中两处采用侧浇口进料方式，第三处采用顶针削边的潜伏式浇口进料的方式，模具结构采用三板模的结构形式。

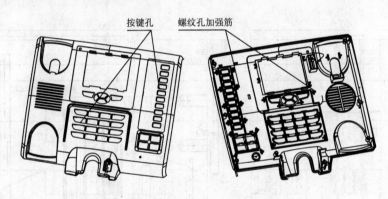

图 2-49 电话机前壳示意图

2.2.4.2 模具结构设计

（1）分型面的选择及排气槽设计。模具结构如图 2-50 所示，该模具结构采用一模一腔的三板式侧浇口及潜伏式浇口混合浇口结构，在考虑选择动、定模的分型方案时，经过分析，应以该塑件的最大轮廓处为动、定模的分型面，故选择电话机外壳的底面为模具的动、定模分型面，如图 2-51 所示，*A—A* 面为动、定模芯的分型面。

排气槽主要设置在定模芯上，如图 2-52 所示，排气槽的位置选在熔融塑料体的外部四周，排气槽深度为 0.03mm，宽度为 10mm，封胶位长为 5mm，以防溢流，排气槽的延伸段开深 0.5mm、宽 10mm 的引气槽，所有的排气槽通过引气槽引空气到动、定模芯的外面，最后通过动、定模板上的间隙进行排气。

为了更好地保证塑件的质量，除了在定模芯上开设排气槽外，还在动模芯上开设排气槽，在动模芯上增加一些动模镶件，由于加强筋部位容易产生困气，所以在加强筋处增加动模镶件，如图 2-53 所示；在动模镶件的四周开设排气槽，排气槽深度为 0.03mm，宽度为 6mm，封胶位长度为 5mm，引气槽深度为 0.2mm，宽度为 6mm，并在动模板上开一个引气孔，把排气槽上排出的气体引到空气中。

（2）浇注系统的设计。由于产品尺寸精度要求较高，产品外表面光滑，所以该模具采用一模一腔的三板模结构及侧浇口与潜伏式浇口组合的浇注系统。通过运用 MoldFlow 软

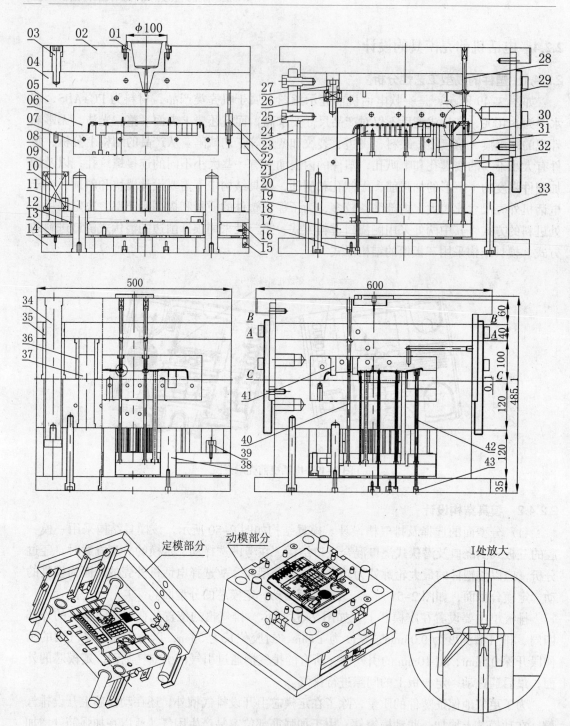

图 2-50　电话机前壳的模具结构图

01.浇口套　02.顶板　03.限位螺钉Ⅰ　04.剥料板　05、08.定模板　06.定模芯　07.动模芯　09.弹簧导杆　10.弹簧　11.顶针板导柱　12.顶针板导套　13.垃圾钉　14.底板　15.行程开关　16.行程开关压板　17.司筒针压板　18.顶针底板　19.顶针固定板　20、42.司筒针　21.动模镶件　22.方定位器　23.树脂开闭器　24.拉板　25.挡销　26.弹簧　27.限位螺钉Ⅱ　28.拉料销　29.锁模块　30.锥形拉料杆　31.动模镶针　32.进料顶针　33.垫块　34.大拉杆　35.大拉杆导套　36.导套　37.导柱　38.支撑柱　39.限位柱　40.顶针　41.定模镶针　43.司筒针紧定螺钉

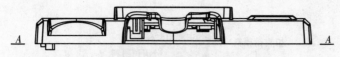

图 2-51　分型面位置

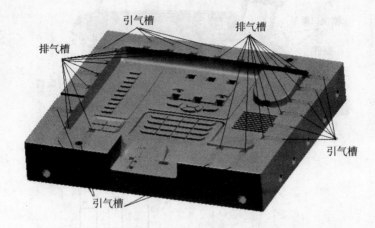

图 2-52　定模芯的排气槽设计

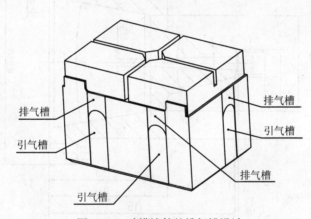

图 2-53　动模镶件的排气槽设计

件进行流动分析，得出如图 2-54 所示的最佳的浇口数量和位置，以及合理的流道系统形状和排布位置，并对浇口尺寸、流道尺寸进行了优化。在主浇口和分流道的末端设有冷料穴，以防浇口被熔融塑料前锋面上的冷料堵塞。由于该模具是三板模，为了使凝料能顺利地从主流道和分流道中脱离，将浇口套的流道设计成锥度为 4°的锥形，浇口套小端直径为 4.5mm，其球面直径为 $SR21mm$，内表面粗糙度值为 $R_a 0.4\mu m$，浇口套前部做一倒锥，锥角为 20°，其作用是把冷凝料拉在浇口套上，浇口套与剥料板接触的前部做成锥度配合的形式，锥角为 30°，其作用是剥料板与浇口套接触时便于导向，其结构尺寸图如图 2-55 所示；在顶板上设有 3 支拉料销 28，在定模板 05 和顶板 02 中间增加了一块剥料板 04。

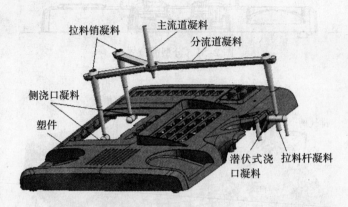

图 2-54　浇注系统的设计

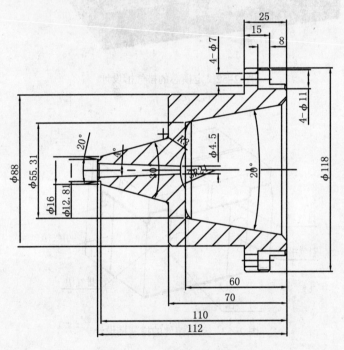

图 2-55　浇口套的结构尺寸图

（3）脱模机构的设计。从塑件的结构上分析，塑件是一个机壳类的零件，只有一些平行于开模方向的通孔和盲孔，无侧孔和侧凹，塑件底部有一些螺纹孔，模具结构中不需要设计滑块和斜顶，塑件和浇注系统的冷凝料在拉料杆和潜伏式浇口等的作用下留在动模芯上；同时为了使塑件从动模芯中脱模，决定用 30 支圆顶针、1 支进浇用的圆顶针、14 支司筒针和 3 支冷料穴拉料杆把塑件和浇注系统的冷凝料从动模芯中顶出，顶针和拉料杆都安装在顶针固定板上，整个脱模机构采用弹簧顶出复位系统，以确保顶出平稳、可靠。

①圆顶针的结构设计。圆顶针是顶出机构中最常用的部件，其结构如图 2-56 所示，圆顶针固定在顶针固定板上。

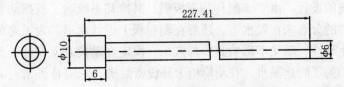

图 2-56　圆顶针的结构图

　　②进浇用的圆顶针的结构设计。由于塑件是一个机壳类的电话机产品，为了不在塑件的外表面留下浇口痕迹，采用潜伏式浇口进料的方式，并利用圆顶针的削边口进料，如图 2-57 所示，圆顶针固定在顶针固定板上。

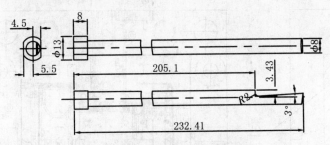

图 2-57　进浇用的圆顶针的结构图

　　③拉料杆的结构设计。为了便于模具开模时二级流道凝料从定模芯和定模板中脱出，特在二级流道的对面冷料穴处各增加一支锥形拉料杆，其结构如图 2-58 所示，拉料杆的尾部台阶部分固定在顶针固定板上，锥形拉料杆的前部拉住二级流道凝料从定模芯和定模板中脱出。

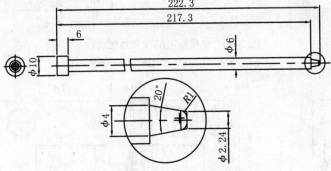

图 2-58　拉料杆的结构图

　　④司筒针的结构设计。由于塑件底部有小的螺纹孔，所以要采用司筒针结构，通孔的形状由司筒针的针组成，司筒针的外管（司筒）起顶出塑件的作用，司筒针的外管固定在顶针固定板上，司筒针的内针固定在模具的底板上，其结构如图 2-59 所示。

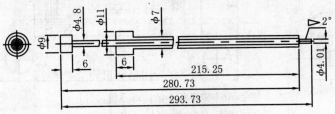

图 2-59　司筒针的结构图

（4）冷却系统的设计。由于该模具是三板模，其冷却系统除了根据动、定模芯的结构特点以及模具元件的分布来布置水道，还要在剥料板上设计水道。为了避免冷却水道与相关的模具元件发生干涉，而又不影响其冷却效果，决定在动模芯上设计 3 条一进一出的内循环式冷却水道，为了防止漏水，在动模板上开设密封槽，采用 O 形密封圈进行密封，水管接头安装在动模板上，如图 2-60 所示；在定模芯上设计 2 条一进一出的内循环式冷却水道，为了防止漏水，在定模板上开设密封槽，采用 O 形密封圈进行密封，水管接头安装在定模板上，如图 2-61 所示；在剥料板上设计出 1 条一进一出的内循环式冷却水道，水管接头安装在剥料板上，如图 2-62 所示。

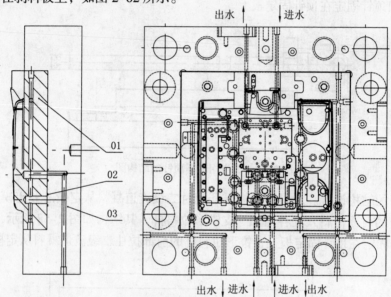

图 2-60　动模板上的冷却系统设计

01.动模芯　02.O 形密封圈　03.动模板

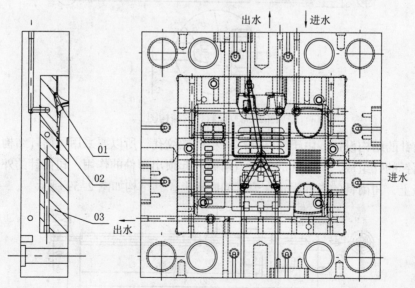

图 2-61　定模板上的冷却系统设计

01.定模板　02.O 形密封圈　03.定模芯

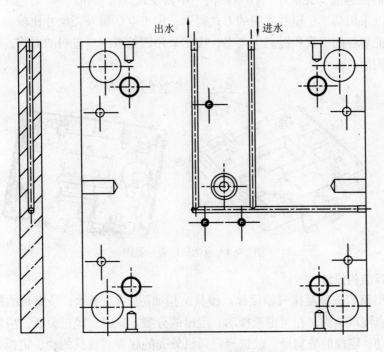

出水　进水

图 2-62　剥料板上的冷却系统设计

2.2.4.3　模具结构及工作过程

该模具属于三板模，模具最大外形尺寸为 600mm×500mm×475.1mm，顶出距离为 30mm，模架采用龙记模架，模具所有活动部分保证定位准确，动作可靠，不得有卡滞现象，固定零件紧固无松动。其模具工作过程：动、定模合模，熔融塑料经塑化、计量后通过注射机注入模具密封型腔内，经保压、冷却后，开模。开模时，在弹簧 26 的作用下，使定模板 05 和剥料板 04 先分开，即图 2-50 中 A—A 面先分开，使定模板上的凝料从定模板上脱离，继续开模，在拉板 24 和挡销 25 的作用下，使剥料板脱离顶板，即图 2-50 中 B—B 面分开，把主流道的凝料从浇口套中剥离，继续运动，在大拉杆 34 的作用下，动、定模具分开，即图 2-50 中 C—C 面分开，动、定模分开时，注射机顶出杆前进，顶出机构在顶出杆的带动下将塑件从动模芯中顶出，当运动到顶出距离 30mm 时，取出塑件和流道凝料。动、定模合模时，注射机顶出杆回退，顶出机构在弹簧 10 和弹簧导杆 09 的带动下将 30 支圆顶针、1 支进浇用的圆顶针、14 支司筒针和 3 支冷料穴拉料杆等复位，这样就完成了一个注射周期。

2.2.5　电话机后壳模具的设计

2.2.5.1　塑件的成型工艺性分析

如图 2-63 所示，是一款电话机后壳示意图，属于机壳类产品，材料为 PC+ABS，缩水率为 5/1000，产品成型后不仅对产品尺寸要求高，而且还要求表面平整、光洁，无影响外观的缩水痕、熔接痕、缺料、飞边、裂纹和变形等工艺缺陷。从产品的结构上分析，塑件有大小不一的垂直孔，塑件的内表面上有一些大小不同的连接螺纹孔，以及增加塑件强度的十字形的加强筋，无侧凹，模具结构中不需要设计滑块和斜顶，但塑件有一个侧孔，这个侧孔可以采用动、定模芯插穿的方式得到；由于电话机外壳尺寸比较大，内部筋条较多，为了保证塑件的质量和提高生产率，决定采用四处点浇口进料的方式，模具结构采用三板模的结构形式。

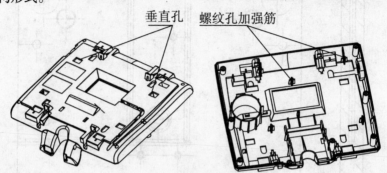

垂直孔　　螺纹孔加强筋

图 2-63　　电话机后壳示意图

2.2.5.2　模具结构设计

（1）分型面的选择及排气槽设计。模具结构如图 2-64 所示，该模具结构采用一模一腔的三板式点浇口结构，在考虑选择动、定模的分型方案时，经过分析，应以该塑件的最大轮廓处为动、定模的分型面，故选择电话机外壳的底面为模具的动、定模分型面，如图 2-65，所示 *A—A* 面为动、定模芯的分型面。

排气槽主要设置在动模芯周边的动模镶件上，如图 2-66 所示，排气槽的位置选在熔融塑料体的外部四周，排气槽深度为 0.03mm，宽度为 6mm，封胶位长 5mm，以防溢流，排气槽的外边开深为 0.5mm、宽为 6mm 的引气槽，所有的排气槽通过引气槽引空气到动、定模芯的外面，最后通过动、定模板上的间隙进行排气。

为了更好地保证塑件的质量，除了在动模芯的周边上开设排气槽外，还在动模芯中间困气处开设排气槽，在动模芯上增加一些动模镶件，由于加强筋部位容易产生困气，所以在加强筋处增加动模镶件，如图 2-67 所示，在动模镶件的周边开设排气槽，排气槽深度为 0.03mm，宽度为 6mm，封胶位长度为 3mm，排气槽的延伸段开深度为 0.2mm、宽度为 6mm 的引气槽。在动模镶件的底部也开一深度为 0.2mm，宽度为 6mm 的引气槽，并通过动模板上的连接螺纹孔把排气槽上排出的气体引到空气中。

（2）浇注系统的设计。由于产品尺寸精度要求较高，产品外表面光滑，所以该模具采用一模一腔的三板模结构及四处点浇口进胶的浇注系统。通过运用 MoldFlow 软件进行流动分析，得出如图 2-68 所示的最佳的浇口数量和位置，以及合理的流道系统形状和排布位置，并对浇口尺寸、流道尺寸进行了优化。在主浇口和分流道的末端设有冷料穴，以防浇口被熔融塑料前锋面上的冷料堵塞。由于该模具是三板模，为了使凝料能顺利从主流道和分流道中脱离，将浇口套的流道设计成锥度为 4° 的锥形，浇口套小端直径为 4.5mm，其球面直径为 *SR*21mm，内表面粗糙度值为 R_a0.4μm，浇口套前部做一倒锥，锥角为 40°，其作用是把冷凝料拉在浇口套上，浇口套与剥料板接触的前部做成锥度配合的形式，锥角为 20°，其作用是剥料板与浇口套接触时便于导向，其结构尺寸图如图 2-69 所示；在顶板上设有 4 支拉料销 26，在定模板 05 和顶板 02 中间增加了一块剥料板 04。

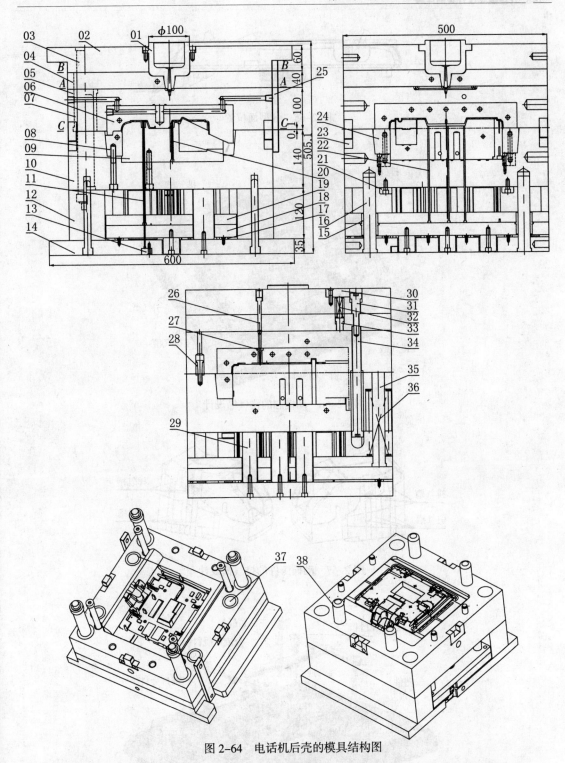

图 2-64　电话机后壳的模具结构图

01.浇口套　02.顶板　03.大拉杆　04.剥料板　05.定模板　06.定模芯　07.大拉杆导套　08.压紧块　09.动模芯　10.动模板　11.司筒针　12.垫块　13.司筒针压块　14.底板　15.顶针板导套　16.顶针板导柱　17.垃圾钉　18.顶针底板　19.顶针固定板　20.动模镶针　21.限位柱　22.顶针　23.方定位器　24.压紧块　25.锁模块　26.拉料销　27.定模镶套　28.树脂开闭器　29.支撑柱　30.压板　31.限位螺钉　32、36.弹簧　33.推销　34.小拉杆　35.弹簧导杆　37.导套　38.导柱

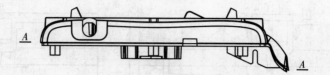

图 2-65 分型面位置

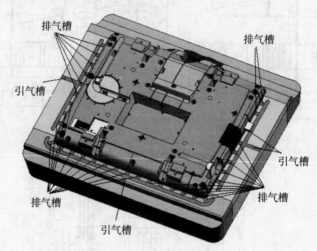

图 2-66 动模芯的排气槽设计

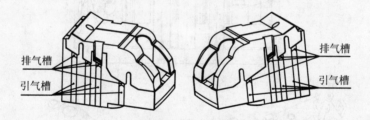

图 2-67 动模镶件的排气槽设计

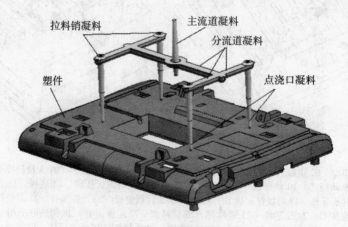

图 2-68 浇注系统的设计

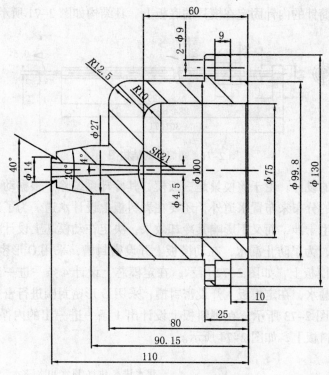

图 2-69　浇口套的结构尺寸图

（3）脱模机构的设计。从塑件的结构上分析，塑件是一个机壳类的零件，只有一些平行于开模方向的通孔和盲孔，无侧孔和侧凹，塑件底部有一些螺纹孔，模具结构中不需要设计滑块和斜顶，塑件和浇注系统的冷凝料在拉料杆和潜伏式浇口等的作用下留在动模芯上；同时为了使塑件从动模芯中脱模，决定用 38 支圆顶针、12 支司筒针把塑件和浇注系统的冷凝料从动模芯中顶出，顶针和司筒针的外管都安装在顶针固定板上，整个脱模机构采用弹簧顶出复位系统，以确保顶出平稳、可靠。

①圆顶针的结构设计。由于塑件的底面是一个圆弧面，所以圆顶针的顶面也应该是一个与塑件底面一样的圆弧面，为了防止圆顶针在工作过程中旋转，导致塑件底面形状与设计不一致，应该给圆顶针增加止转装置，在其圆顶针的底部台阶上削边处理，以达到止转的目的，其结构如图 2-70 所示，相应地在顶针固定板上也开一个与圆顶针一致的带直边的圆孔。

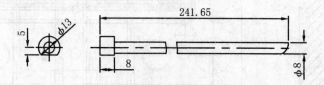

图 2-70　有止转功能的圆顶针结构图

②司筒针的结构设计。由于塑件底部有小的螺纹孔，所以要采用司筒针结构，通孔的形状由司筒针的针组成，司筒针的外管（司筒）起顶出塑件的作用，司筒针的外管固定在

顶针固定板上，司筒针的内针固定在模具的底板上，其结构如图 2-71 所示。

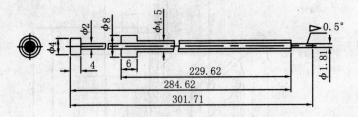

图 2-71　司筒针的结构图

（4）冷却系统的设计。由于该模具是三板模，其冷却系统除了根据动、定模芯的结构特点以及模具元件的分布来布置水道外，还要在剥料板上设计水道。为了避免冷却水道与相关的模具元件发生干涉，而又不影响其冷却效果，决定在动模芯上设计 5 条一进一出的内循环式冷却水道，为了防止漏水，在动模板上开设密封槽，采用 O 形密封圈进行密封，水管接头安装在动模板上，如图 2-72 所示；在定模芯上设计 4 条一进一出的内循环式冷却水道，为了防止漏水，在定模板上开设密封槽，采用 O 形密封圈进行密封，水管接头安装在定模板上，如图 2-73 所示；在剥料板上设计出 1 条一进一出的内循环式冷却水道，水管接头安装在剥料板上，如图 2-74 所示。

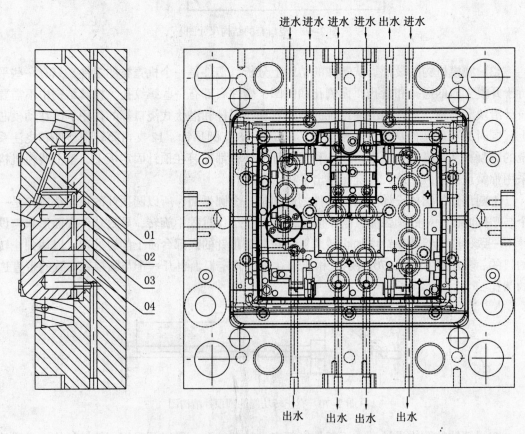

图 2-72　动模板上的冷却系统设计

01.动模镶件　02.O 形密封圈　03.动模芯　04.动模板

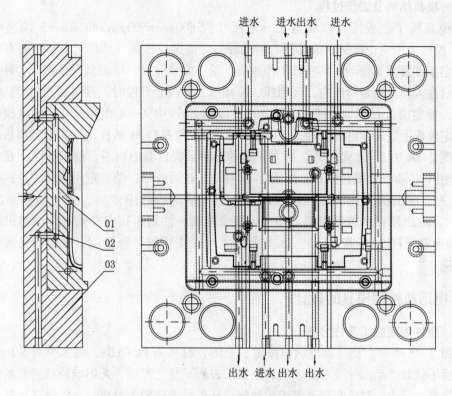

图 2-73　定模板上的冷却系统设计

01.定模芯　02.O 形密封圈　03.定模板

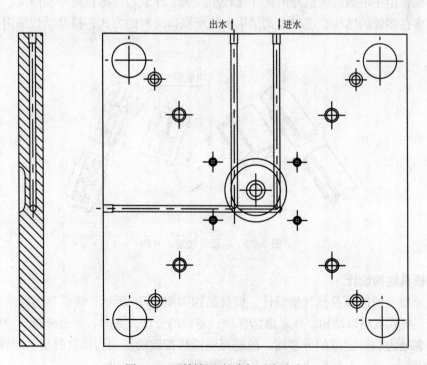

图 2-74　剥料板上的冷却系统设计

2.2.5.3 模具结构及工作过程

该模具属于三板模，模具最大外形尺寸为 600mm×500mm×495.1mm，顶出距离为 45mm，模架采用龙记模架，模具所有活动部分保证定位准确，动作可靠，不得有卡滞现象，固定零件紧固无松动。其模具工作过程：动、定模合模，熔融塑料经塑化、计量后通过注射机注入模具密封型腔内，经保压、冷却后，开模。开模时，在弹簧 32 和推销 33 的作用下，使定模板 05 和剥料板 04 先分开，即图 2-64 中 A—A 面先分开，使定模板上的凝料从定模板上脱离，继续开模，在小拉杆 34 和限位螺钉 31 的作用下，使剥料板脱离顶板，即图 2-64 中 B—B 面分开，把主流道的凝料从浇口套中剥离，继续运动，在大拉杆 03 的作用下，动、定模具分开，即图 2-64 中 C—C 面分开，动、定模分开时，注射机顶出杆前进，顶出机构在顶出杆的带动下将塑件从动模芯中顶出，当运动到顶出距离 45mm 时，取出塑件和流道凝料。动、定模合模时，注射机顶出杆回退，顶出机构在弹簧 36 和弹簧导杆 35 的带动下将 38 支圆顶针、12 支司筒针等复位，这样就完成了一个注射周期。

2.2.6 电话机按键模具的设计

2.2.6.1 塑件的成型工艺性分析

如图 2-75 所示，是一款电话机按键示意图，材料为 PC+ABS，缩水率为 5/1000，产品成型后不仅对产品尺寸要求高，而且还要求表面平整、光洁，无影响外观的缩水痕、熔接痕、缺料、飞边、裂纹和变形等工艺缺陷。从产品的结构上分析，塑件底部有壁厚均匀的腔体，塑件的内表面上有一些十字形的加强筋，无侧孔和侧凹，模具结构中不需要设计滑块和斜顶，由于电话机按键外形尺寸比较小，为了保证塑件的质量和提高生产率，决定采用一模多件多腔的结构，进料方式采用 8 处点浇口进料的方式，模具结构采用三板模的结构形式。

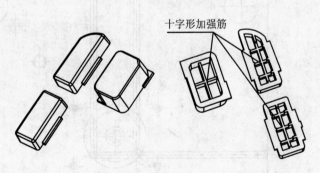

十字形加强筋

图 2-75 电话机按键示意图

2.2.6.2 模具结构设计

（1）分型面的选择及排气槽设计。模具结构如图 2-76 所示，该模具结构采用一模三十二腔的三板式点浇口结构，在考虑选择动、定模的分型方案时，经过分析，应以该塑件的最大轮廓处为动、定模的分型面，故选择电话机按键的底面为模具的动、定模分型面，如图 2-77 所示，A—A 面为动、定模芯的分型面。

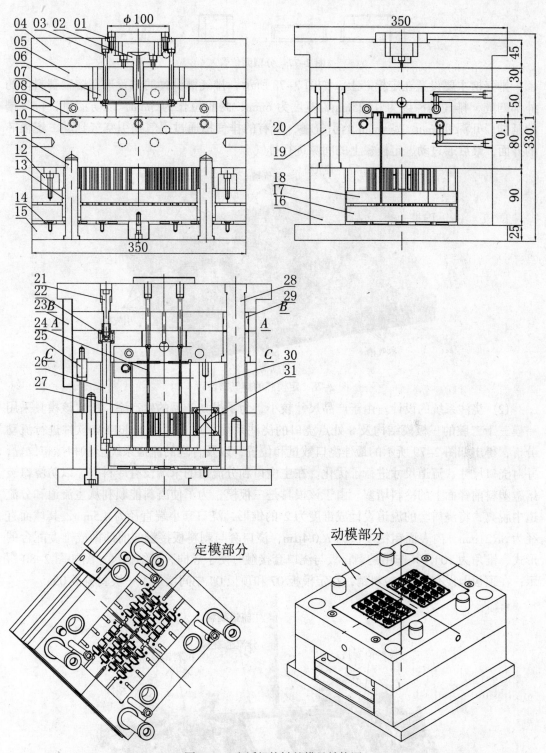

图 2-76　电话机按键的模具结构图

01.定位圈　02.浇口套　03.拉料销　04.顶板　05.剥料板　06.浇口镶件　07.定模板　08.定模芯　09.动模芯　10.动模板　11.顶针板导柱　12.限位柱　13.顶针底导套　14.垃圾钉　15.底板　16.垫块　17.顶针底板　18.顶针固定板　19.导柱　20.导套　21.限位螺钉　22、31.弹簧　23.锁模板　24.顶针　25.树脂开闭器　26.小拉杆　27.顶针　28.大拉杆　29.大拉杆导套　30.弹簧导杆

图 2-77　分型面位置

排气槽主要设置在定模芯上，如图 2-78 所示，排气槽设置的位置选在熔融塑料体的外部四周，排气槽深度为 0.025mm，宽度为 6mm，封胶位长为 5mm，以防溢流，排气槽的延伸段开深 0.5mm、宽 6mm 的引气槽，所有的排气槽通过引气槽引空气到动、定模芯的外面，最后通过动、定模板上的间隙进行排气。

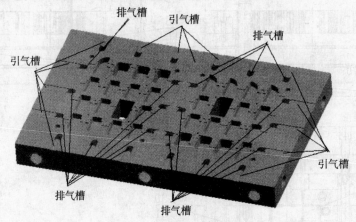

图 2-78　定模芯的排气槽设计

（2）浇注系统的设计。由于产品尺寸较小，为了提高产品的生产率，所以该模具采用一模三十二腔的三板模结构及 8 处点浇口的浇注系统。通过运用 MoldFlow 软件进行流动分析，得出如图 2-79 所示的最佳浇口数量和位置，以及合理的流道系统形状和排布位置，并对浇口尺寸、流道尺寸进行了优化。在主浇口和分流道的末端设有冷料穴，以防浇口被熔融塑料前锋面上的冷料堵塞。由于该模具是三板模，为了使凝料能顺利从主流道和分流道中脱离，将浇口套的流道设计成锥度为 2° 的锥形，浇口套小端直径为 4.5mm，其球面直径为 $SR21$mm，内表面粗糙度值为 $R_a0.4\mu m$，浇口套与剥料板接触的前部做成锥度配合的形式，锥角为 10°，其作用是剥料板与浇口套接触时便于导向，其结构尺寸图如图 2-80 所示；在顶板上设有 10 支拉料销，在定模板 07 和顶板 04 中间增加了一块剥料板 05。

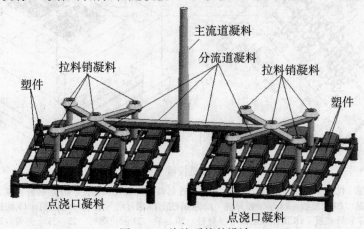

图 2-79　浇注系统的设计

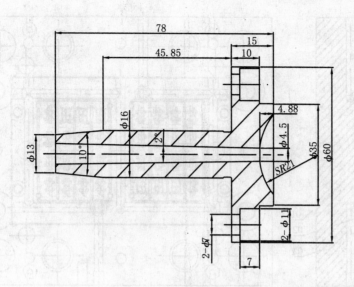

图 2-80　浇口套的结构尺寸图

（3）脱模机构的设计。从塑件的结构上分析，塑件底部有壁厚均匀的腔体，塑件的内表面上有一些十字形的加强筋，无侧孔和侧凹，模具结构中不需要设计滑块和斜顶，塑件在塑料包紧力的作用下留在动模芯上，浇注系统的冷凝料在拉料销和剥料板的作用下分别从浇口套和动模芯中脱出；同时为了使塑件从动模芯中脱模，决定用 154 支圆顶针把塑件从动模芯中顶出，顶针安装在顶针固定板上，整个脱模机构采用弹簧顶出复位系统，以确保顶出平稳、可靠。

圆顶针的结构设计。圆顶针是顶出机构中最常用的部件，其结构如图 2-81 所示，圆顶针固定在顶针固定板上。

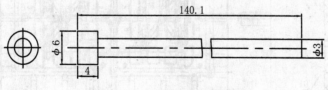

图 2-81　圆顶针的结构图

（4）冷却系统的设计。由于该模具是三板模，其冷却系统根据动、定模芯的结构特点以及模具元件的分布来布置水道。为了避免冷却水道与相关的模具元件发生干涉，而又不影响其冷却效果，决定在动模芯上设计 1 条一进一出的内循环式冷却水道，为了防止漏水，在动模板上开设密封槽，采用 O 形密封圈进行密封，水管接头安装在动模板上，如图 2-82 所示；在定模芯上设计 1 条一进一出的内循环式冷却水道，为了防止漏水，在定模板上开设密封槽，采用 O 形密封圈进行密封，水管接头安装在定模板上，如图 2-83 所示。

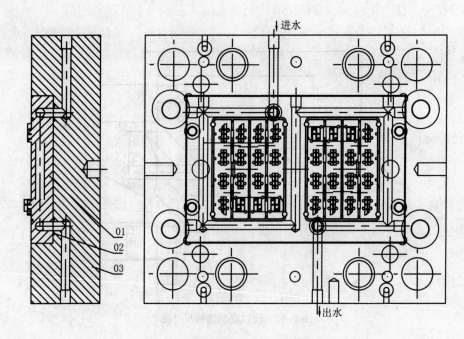

图 2-82　动模板上的冷却系统设计

01.动模芯　02.O 形密封圈　03.动模板

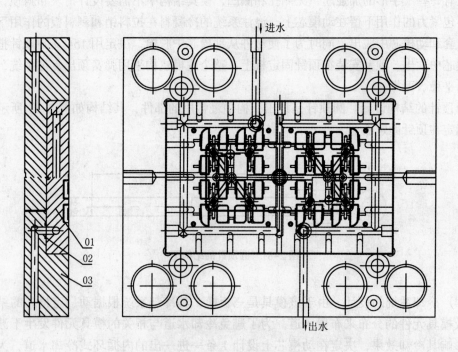

图 2-83　定模板上的冷却系统设计

01.定模芯　02.O 形密封圈　03.定模板

2.2.6.3　模具结构及工作过程

该模具属于三板模，模具最大外形尺寸为 350mm×350mm×320.1mm，顶出距离为

10mm，模架采用龙记模架，模具所有活动部分保证定位准确，动作可靠，不得有卡滞现象，固定零件紧固无松动。其模具工作过程：动、定模合模，熔融塑料经塑化、计量后通过注射机注入模具密封型腔内，经保压、冷却后，开模。开模时，在弹簧 22 的作用下，使定模板 07 和剥料板 05 先分开，剥料板 05 与浇口镶件 06 通过螺纹联结在一起，即图 2-76 中 A—A 面先分开，使定模芯上的凝料从定模芯上脱离，继续开模，在小拉杆 26 和限位螺钉 21 的作用下，使剥料板脱离顶板，即图 2-76 中 B—B 面分开，把主流道的凝料从浇口套中剥离，继续运动，在小拉杆 26 和大拉杆 28 的作用下，动、定模具分开，即图 2-76 中 C—C 面分开，动、定模分开时，注射机顶出杆前进，顶出机构在顶出杆的带动下将塑件从动模芯中顶出，当运动到顶出距离 10mm 时，取出塑件和流道凝料。动、定模合模时，注射机顶出杆回退，顶出机构在弹簧 31 和弹簧导杆 30 的带动下将 154 支圆顶针等复位，这样就完成了一个注射周期。

第 3 章 特殊模具的结构设计及实例详解

3.1 气体辅助模具的结构设计

3.1.1 气辅注射工艺概述

气辅注射工艺是国外在 20 世纪 80 年代研究成功，20 世纪 90 年代才得到实际应用的一项实用型注射新工艺，其原理是利用高压隋性气体注射到熔融的塑料中形成真空截面并推动熔料前进，实现注射、保压、冷却等过程。由于气体具有高效的压力传递性，可使气道内部各处的压力保持一致，因而可消除内部应力，防止塑件变形，同时可大幅度降低模腔内的压力，因此在成型过程中不需要很高的锁模力，除此之外，气辅注射还具有减轻制品重量、消除缩痕、提高生产效率、提高制品设计自由度等优点。近年来，在家电、汽车、家具等行业，气辅注射得到越来越广泛的应用，前景看好。科龙集团于 1998 年引进一套气辅设备用于生产电冰箱、空调的注塑件。

3.1.2 气辅设备

气辅设备包括气辅控制单元和氮气发生装置。它是独立于注射机外的另一套系统，与注射机的唯一接口是注射信号连接线。注射机将一个注射信号，如注射开始或螺杆位置，传递给气辅控制单元之后，便开始一个注气过程，等下一个注射过程开始时给出另一个注射信号，开始另一个循环，如此反复进行。气辅注塑所使用的气体必须是隋性气体（通常为氮气），气体最高压力为 35MPa，特殊者可达 70MPa，氮气纯度≥98%。气辅控制单元是控制注气时间和注气压力的装置，它具有多组气路设计，可同时控制多台注塑机的气辅生产，气辅控制单元设有气体回收功能，尽可能降低气体耗用量。

今后气辅设备的发展趋势是将气辅控制单元内置于注射机内，作为注射机的一项新功能。

3.1.3 气辅工艺控制

（1）注气参数。气辅控制单元是控制各阶段气体压力大小的装置，气辅参数只有两个：注气时间（s）和注气压力（MPa）。

（2）气辅注射是在模具内注入塑胶熔体的同时注入高压气体的过程，由于熔体与气体之间存在着复杂的两相作用，因此气辅参数的控制显得相当重要，下面就讨论一下各参数的控制方法。

①注射量。气辅注射是采用所谓的"短射"方法（short size），即先在模腔内注入一定量的料（通常为满射时的 70%~95%），然后再注入气体，实现全充满过程。塑胶熔体注射量与模具气道大小及模腔结构关系最大。气道截面越大，气体越易穿透塑胶熔体，掏空率越高，这样的情况下，如果使用过多料量，则很容易发生熔料堆积，料多的地方会出现

缩痕；如果料太少，则会导致吹穿。如果气道与流料方向完全一致，那么最有利于气体的穿透，气道的掏空率最大，因此，在模具设计时尽可能将气道与流料方向保持一致。

②注射速度及保压。在保证塑件没有缺陷的情况下，尽可能使用较高的注射速度，使熔料尽快充填模腔，这时熔件仍保持较高温度，有利于气体的穿透及充模。气体在推动熔料充满模腔后仍保持一定的压力，相当于传统注射中的保压阶段，因此，一般的气辅注射工艺可省去用注射机来保压的过程，但有些塑件由于结构原因仍需使用一定的注射保压来保证产品的质量。但不可使用高的保压，因为保压过高会使气针封死，腔内气体不能回收，开模时极易产生吹爆。保压高亦会使气体穿透受阻，加大注射保压有可能使塑件出现更大缩痕。

③气体压力及注气速度。气体压力与材料的流动性关系最大。流动性好的材料（如PP）采用较低的注气压力。几种材料的推荐压力见表 3-1。

表 3-1　几种材料的推荐压力

塑料种类	熔速（g/10min）	使用气压（MPa）
PP	20~30	8~10
HIPS	2~10	15~20
ABS	1~5	20~25

气体压力大，易于穿透，但容易吹穿；气体压力小，可能出现充模不足，填不满或塑件表面有缩痕。

注气速度高，可在熔料温度较高的情况下充满模腔。对流程长或气道小的模具，提高注气速度有利于熔胶的充模，可改善产品表面的质量，但注气速度太高则有可能出现吹穿，对气道粗大的制品则可能会产生表面流痕、气纹。

④延迟时间。延迟时间是注射机射胶开始到气辅控制单元开始注气的时间，可以理解为反映射胶和注气"同步性"的参数。延迟时间短，即在熔胶还处于较高温度的情况下开始注气，显然有利于气体穿透及充模，但延迟时间太短，气体容易发散，掏空形状不佳，掏空率亦不够。

3.1.4　气辅模具

气辅模具与传统注塑模具无多大差别，只增加了进气元件（称为气针），并增加了气道的设计。所谓气道可简单理解为气体的通道，即气体进入后流经的部分，有些气道是制品的一部分，有些气道是为引导气流而专门设计的胶位。气针是气辅模具很关键的部件，它直接影响工艺的稳定和产品质量。气针的核心部分是由众多细小缝隙组成的圆柱体，缝隙大小直接影响出气量。缝隙大，则出气量也大，对注射充模有利，但缝隙太大会被熔胶堵塞，出气量反而下降。

3.1.5　电视机前壳的气辅注塑模具的设计

3.1.5.1　塑件的成型工艺性分析

如图 3-1 所示，是一款电视机前壳示意图，材料为 HIPS，缩水率为 5/1000，产品成型后不仅对产品尺寸要求高，而且还要求表面平整、光洁，无影响外观的缩水痕、熔接痕、缺料、飞边、裂纹和变形等工艺缺陷。由于电视机产品对外观要求较高，为了不影响产品外观，解决和消除产品表面缩痕，决定采用气体辅助注射成型工艺及潜伏式浇口进料。

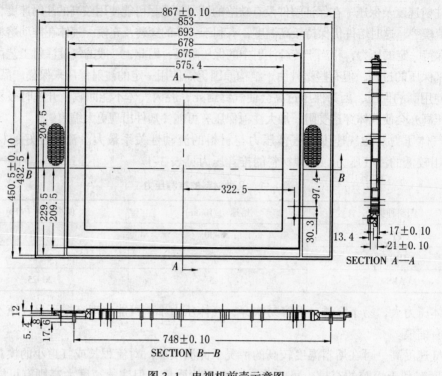

图 3-1 电视机前壳示意图

3.1.5.2 模具结构设计

（1）分型面的选择及排气槽设计。模具结构如图 3-2 所示，该模具结构采用二板式模具结构，在考虑选择动、定模的分型方案时，经过分析，应以该塑件的最大轮廓处为动、定模的分型面，如图 3-3 所示，塑件的分型面选择在 A—A 的位置上。

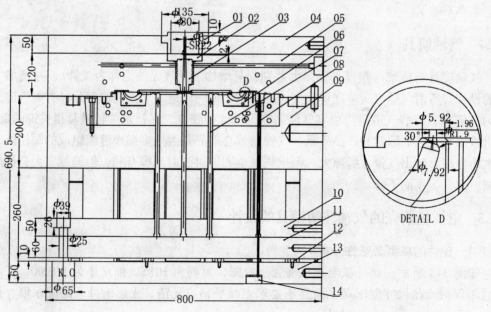

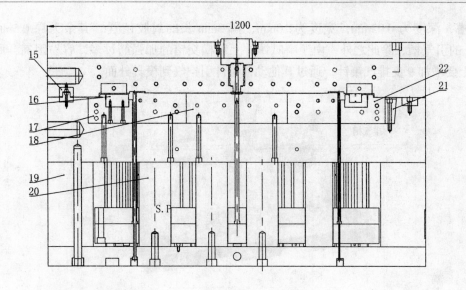

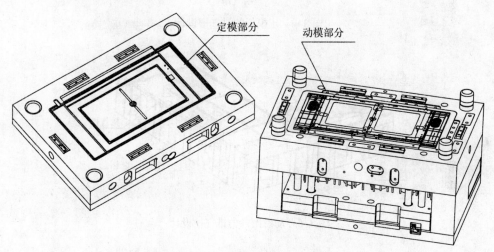

图 3-2　电视机前壳的模具结构图

01.定位圈　02.浇口套压板　03.浇口套　04.顶板　05.定模板　06.浇口镶件　07.顶针　08.司筒针
09.动模板　10.顶针固定板　11.顶针底板　12.垃圾钉　13.底板　14.司筒针固定板　15.方定位器
16.动模镶件　17.动模芯Ⅰ　18.动模芯Ⅱ　19.侧板　20.支撑柱　21.锲紧块　22.动模芯Ⅲ

图 3-3　分型面的位置

　　排气槽设置在定模板和动模镶件上，定模板上的排气槽设置在电视机塑件的内外圈边，如图 3-4 所示，排气槽深度为 0.025mm，宽度为 10mm，以防溢流,排气槽周围要开深 0.5mm、宽 6mm 的引气槽，通过直径为 6mm 的小孔引空气到模具外面；由于电视机前壳的内表面有很多加强筋，螺纹孔和喇叭孔处也有很多筋条，熔融塑料流经这些地方容易产生困气，所以在这些部位也要设置排气槽，如图 3-5 和图 3-6 所示，在动模镶件的周边上开排气槽，深度为 0.03mm，宽度为 10mm，留 3mm 长的封胶位置，其余为深 0.5mm、宽 10mm 的引气槽，通过顶针孔和司筒针孔引空气到模具外面；喇叭镶件的两边共开有 6 条排气槽，深度为 0.03mm，宽度为 10mm，留 3mm 长的封胶位置，其余为深 0.5mm、宽 10mm 的引气槽，除此之外，由于喇叭镶件上纵横交错的加强筋过多，容易困气，所以在镶件上要增加 9 支排气镶针，通过其他动模镶件引空气到模具外面。

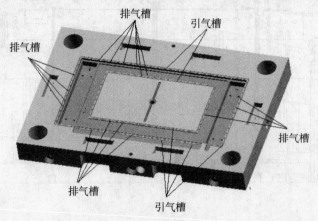

图 3-4　定模板的排气槽设计

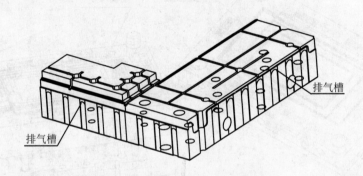

图 3-5　动模镶件的排气槽设计

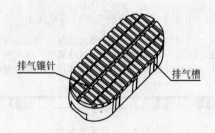

图 3-6　喇叭镶件的排气槽设计

（2）浇注系统的设计。由于电视机产品尺寸较大，产品外表面光滑，所以该模具采用一模一腔的二板模结构及潜伏式浇口浇注系统。通过运用 MoldFlow 软件进行流动分析，得出如图 3-7 所示的最佳的浇口数量和位置，以及合理的流道系统形状和排布位置，并对浇口尺寸、流道尺寸进行了优化。在主浇口的末端设有冷料穴，以防浇口被熔融塑料前锋面上的冷料堵塞。由于该模具是二板模，将浇口套的流道设计成锥度为 2°的锥形，浇口套小端直径为 6mm，其球面直径为 $SR22mm$，内表面粗糙度值为 $R_a0.4\mu m$，并安排了 3 支拉料杆把冷凝料从主流道中拉出和把冷凝料从分流道中顶出；由于产品尺寸较大，为了保证注射质量，特采用能保证恒温的螺旋 T 形槽浇口套作为本设计的主流道，如图 3-8 所示。

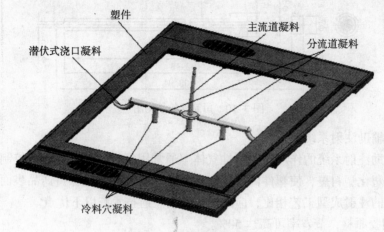

图 3-7 浇注系统的设计

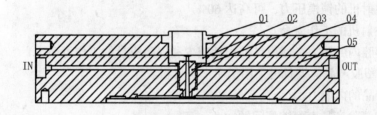

图 3-8 定模部分结构图

01.定位圈 02.浇口套压板 03.螺旋 T 形槽浇口套 04.顶板 05.定模板

(3) 脱模机构的设计。由于塑件尺寸较大，模具结构较大，而塑件产品中有很多螺柱孔，为了便于脱模，螺柱孔处应安排司筒针顶出塑件，其他部位安排顶针，司筒针和顶针固定在顶针固定板上。整个脱模机构采用顶杆和弹簧顶出复位系统，由于塑件尺寸较大，为了避免弹簧在工作中失效后损坏模具，特采用注射机的四根顶杆固定在顶针固定板上与弹簧同时完成脱模动作，以确保顶出平稳、可靠。

①圆顶针的结构设计。圆顶针是顶出机构中最常用的部件，其结构如图 3-9 所示，圆顶针固定在顶针固定板上。

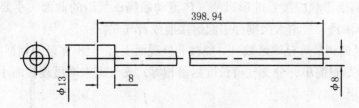

图 3-9 圆顶针的结构图

②司筒针的结构设计。由于塑件底部有小的螺纹孔，所以要采用司筒针结构，通孔的形状由司筒针的内针组成，司筒针的外管（司筒）起顶出塑件的作用，司筒针的外管固定

在顶针固定板上，司筒针的内针固定在模具的底板上，其结构如图 3-10 所示。

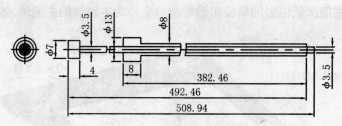

图 3-10　司筒针的结构图

（4）气体辅助注射系统的设计。

①气体辅助注射系统的作用是把惰性气体（通常用氮气）由分段压力控制系统直接注射入模腔内的塑化塑料裹，使塑件内部膨胀而造成中空，但仍然保持产品表面的外形完整无缺。与传统的注射成型工艺相比，应用气体辅助注射技术有以下优点。

a. 节省塑胶原料，节省率可高达 50%。

b. 缩短产品生产周期。

c. 降低注射机的锁模压力，可高达 60%。

d. 提高注射机的工作寿命。

e. 降低模腔内的压力，使模具的损耗减少和提高模具的工作寿命。

f. 对某些塑胶产品，模具可采用铝质金属材料。

g. 降低产品的内应力。

h. 解决和消除产品表面缩痕问题。

i. 简化产品繁琐的设计。

j. 降低注射机的耗电量。

k. 降低注射机和开发模具的投资成本。

l. 降低生产成本。

②气体辅助注射系统的设计原则如下。

a. 设计时先考虑塑件的哪些壁厚处需要掏空，哪些表面的缩痕需要消除，再考虑如何连接这些部位成为气道。

b. 大的结构件：全面打薄，局部加厚为气道。

c. 气道应依循主要的料流方向均衡地配置到整个模腔上。

d. 气道的截面形状应接近圆形以使气体流动顺畅；气道的截面大小要合适，气道太小可能引起气体渗透，气道太大则会引起熔接痕或者气穴。

e. 气道应延伸到最后充填区域（一般在非外观面上），但不需延伸到型腔边缘。

f. 主气道应尽量简单，分支气道长度尽量相等，支气道末端可逐步缩小，以阻止气体加速。

g. 气道能直则不弯（弯越少越好），气道转角处应采用较大的圆角半径。

h. 气体应局限于气道内，并穿透到气道的末端。

由以上内容可知，气体辅助注射系统设计的关键是设计出合理的气道形状和气道的位置，由于电视机外壳是比较大的结构件，其气道的设计如图 3-11 所示，在动模芯上加工出图 3-11 所示的气道的形状，气嘴通过螺纹固定在动模芯上，并通过动模芯和动模板上的孔与外界的高压氮气连接起来，完成气体的输送，其中动模镶件与动模板交接处用 O 形圈密封，如图 3-12 动模芯、动模板组装图所示。

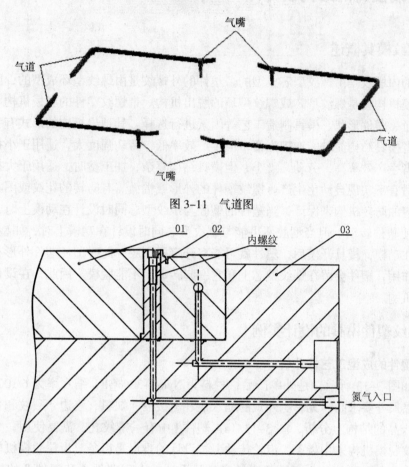

图 3-11　气道图

图 3-12　动模芯、动模板组装图
01.动模芯　02.动模镶件　03.动模板

3.1.5.3　模具结构及工作过程

　　该模具属于二板模，模具最大外形尺寸为 1200mm×800mm×690.5mm，模架采用龙记模架，模具所有活动部分保证定位准确，动作可靠，不得有卡滞现象，固定零件紧固无松动。其模具工作过程：动、定模合模，熔融塑料经塑化、计量后通过注射机注入模具密封型腔内，当塑胶充填到型腔适当的时候注入高压惰性气体——氮气，气体推动熔融塑胶继续充满型腔，用气体保压来代替塑胶保压，经气体保压、冷却后，开模。开模时，在注射机的作用下，使动、定模分开，浇口冷凝料在顶针和潜伏式浇口的作用下从浇口套中脱离，塑件从型腔中脱离，开模到一定距离时，注射机顶出杆前进，由于本产品比较大，为了保证在顶出过程中顶出力的均匀和平衡，在操作过程中采用 4 根顶出杆，顶出杆用螺纹与顶针固定板联结在一起，顶出机构在顶出杆的带动下将塑件从动模芯中顶出。动、定模合模时，注塑机顶出杆回退，顶出机构在顶出杆和弹簧的带动下将顶针、司筒针等复位，这样就完成了一个注射周期。

3.2 螺纹模具的结构设计

3.2.1 螺纹模具概述

塑件的内螺纹是由螺纹型芯成型的，塑件的外螺纹是由螺纹型环成型的，因此带螺纹塑件的脱模机构就是螺纹型芯或螺纹型环的脱出机构。带螺纹塑件的脱模机构可根据塑件的生产批量、塑件形状、模具制造工艺等因素进行选择。其顶出机构的形式有手动和机动两类，前者模具结构简单，加工方便，但生产效率低，劳动强度大，适用于小批量生产的塑件；后者生产效率高，劳动强度小，但模具结构复杂，加工费时，适用于大批量生产的塑件，并适宜于实现自动化生产。螺纹塑件的外形或端面需有防转的花纹或图案，模具同样要有相应的防转机构来保证，当塑件的型腔与螺纹型芯同时设计在动模上时，型腔就可以保证不使塑件转动。但当型腔不可能与螺纹型芯同时设计在动模上时，如型腔在定模，螺纹型芯在动模，模具开模后，塑件就可能离开定模型腔，此时即使塑件外形有防转的花纹也不起作用，塑件会留在螺纹型芯上和它一起转动，不能脱模。因此，在设计模具时要考虑止转机构。

3.2.2 螺纹塑件模具的设计实例

3.2.2.1 塑件的成型工艺性分析

塑件如图 3-13 所示，是外单产品，材料为 Nylon+30%GF，缩水率为 6/1000，产品成型后对产品尺寸要求高，无影响外观的缩水痕、熔接痕、缺料、飞边、裂纹和变形等工艺缺陷。从产品的结构上分析，图 3-13 （a）塑件 I 中有一螺纹孔，需要使用一个螺纹脱模机构，螺纹脱模机构采用齿条、齿轮传动，本设计的难点是齿条、齿轮脱模机构的结构设计；图 3-13 （b）塑件 II 主要要注意插穿位的设计，由于塑件 I 和塑件 II 的外形尺寸不大，可以采用一模多件多腔的布局方式。

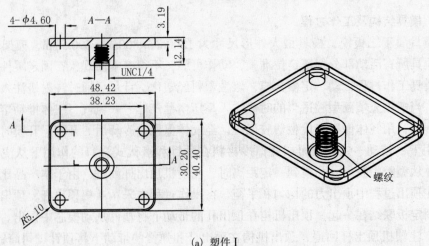

(a) 塑件 I

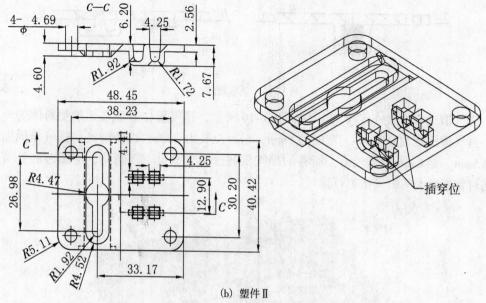

(b) 塑件Ⅱ

图 3-13　塑件Ⅰ和塑件Ⅱ示意图

3.2.2.2　模具结构设计

（1）分型面的选择及排气槽设计。模具结构如图 3-14 所示,该模具结构采用二板模结构,在考虑选择动、定模的分型方案时,经过分析,应以该塑件的最大轮廓处为动、定模的分型面,如图 3-15 所示,塑件Ⅰ的分型面选择在 A—A 的位置,塑件Ⅱ的分型面选择在 B—B 的位置上。

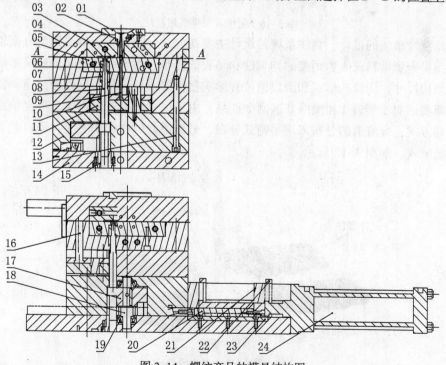

图 3-14　螺纹产品的模具结构图

01.定位圈　02.浇口套　03.定模芯　04.定模板　05.动模芯　06.套筒　07.导套　08.带齿轮的螺纹型芯　09.拉料杆　10.顶针固定板　11.顶针底板　12.固定板　13.联结螺纹　14.底板　15.螺纹套　16.回程杆　17.大齿轮　18.齿轮轴　19.圆锥滚子轴承　20.齿条　21.T形联结块　22.行程开关挡块　23.耐磨块　24.油缸

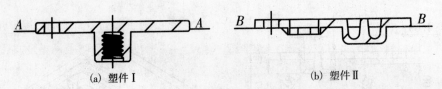

(a) 塑件 I   (b) 塑件 II

图 3-15   分型面的位置

排气槽主要设置在定模芯上，如图 3-16 所示，排气槽位置选在熔融塑料体的外部四周，排气槽深度为 0.02mm，宽度为 6mm，封胶位长为 3mm，以防溢流，排气槽周围要开深 0.5mm、宽 6mm 的引气槽，所有的排气槽通过引气槽引空气到动、定模芯的外面，最后通过定模板上的引气槽进行排气。

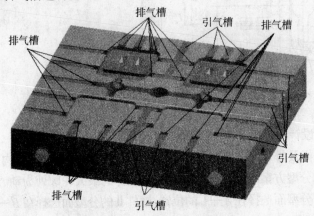

图 3-16   定模芯的排气槽设计

（2）浇注系统的设计。浇注系统的设计主要是设计分流道和浇口，因为分流道的分布形式直接影响到熔料进入各型腔的均匀性和型腔的分布，而型腔的分布形式又影响到模具的总体结构尺寸，浇口的形式和浇口的位置影响塑件的成型质量，所以分流道和浇口的设计非常重要。对于塑件 I 和塑件 II 这两个产品，由于尺寸大小差别不大，决定采用一模四腔的布局方式，分流道的分布采用平衡式分布，分流道设计在定模芯上，浇口的设计采用侧浇口的形式，如图 3-17 所示。

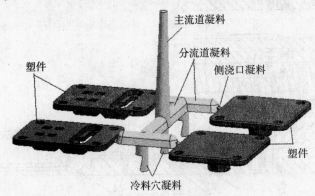

图 3-17   浇注系统的设计

（3）脱模机构的设计。由于塑件 I 有一个螺纹孔，所以塑件在脱模时要先把螺纹型芯从塑件的螺纹孔中脱出，然后再用顶针把塑件从动模芯中顶出，为了实现注塑模的自动化，必须设计一个把螺纹型芯从塑件螺纹孔中脱出的脱模机构，通过分析，决定采用齿条、齿轮组合的脱模机构。如图 3-18 所示，整个结构由带齿轮的螺纹型芯 01、齿轮轴 02、圆锥滚子轴承 03、大齿轮 04、螺纹套 05 和齿条 06 组成。脱模机构的动作原理是油缸带动齿条运动，然后齿条带动齿轮轴 02 运动；大齿轮 04 又是装在齿轮轴上的，大齿轮运动带动螺纹型芯 01 回转，而螺纹型芯通过下端的螺纹与螺纹套联结，螺纹套固定在模具的底板上，螺纹型芯回转的同时并向下运动，使螺纹型芯上端的螺纹逐渐地从塑件 I 中脱出，等螺纹型芯完全地从塑件 I 中脱离后再用顶针和拉料杆把塑件和浇注系统的冷凝料从动模芯中顶出。

①齿条、齿轮组合的脱模机构，如图 3-18 所示。

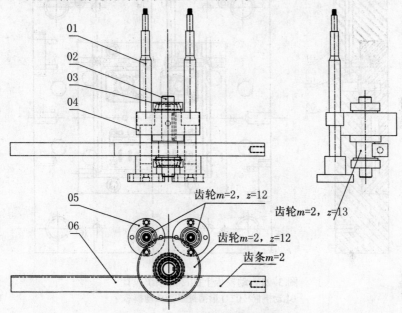

图 3-18　螺纹型芯脱模机构图

01.带齿轮的螺纹型芯　02.齿轮轴　03.圆锥滚子轴承　04.大齿轮　05.螺纹套　06.齿条

②圆顶针的结构设计。圆顶针是顶出机构中最常用的部件，其结构如图 3-19 所示，圆顶针固定在顶针固定板上。

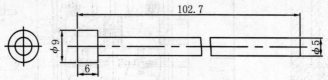

图 3-19　圆顶针的结构图

③拉料杆的结构设计。为了便于模具开模时主流道凝料从浇口套中脱出，特在主流道的对面冷料穴处增加 1 支 Z 形拉料杆，其结构如图 3-20 所示，拉料杆的尾部台阶部分固定在顶针固定板上，Z 形拉料杆的前部拉住主流道凝料从浇口套中脱出。

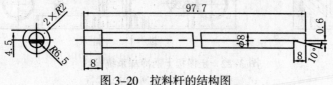

图 3-20　拉料杆的结构图

（4）冷却系统的设计。该模具的冷却系统主要根据动、定模芯的结构特点以及模具元件的分布来布置水道。为了避免冷却水道与相关的模具元件发生干涉，而又不影响其冷却效果，决定在动模芯上设计 1 条一进一出的内循环式冷却水道，为了防止漏水，在动模板上开设密封槽，采用 O 形密封圈进行密封，水管接头安装在动模板上，如图 3-21 所示；在定模芯上设计 1 条一进一出的内循环式冷却水道，为了防止漏水，在定模板上开设密封槽，采用 O 形密封圈进行密封，水管接头安装在定模板上，如图 3-22 所示。

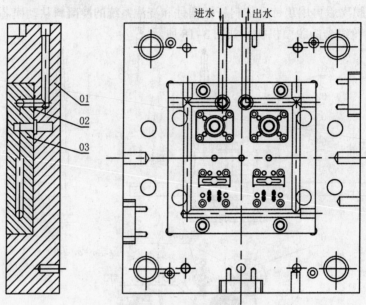

图 3-21　动模板上的冷却系统设计

01.动模板　02.O 形密封圈　03.动模芯

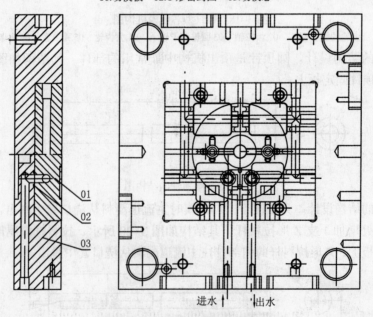

图 3-22　定模板上的冷却系统设计

01.定模芯　02.O 形密封圈　03.定模板

3.2.2.3 模具结构及工作过程

该模具属于二板模。采用二模四腔的布局方式，侧向浇口进料，螺纹型芯的脱模机构采用油缸带动齿条、齿轮运动的脱模机构，顶出行程为 20mm。模架采用龙记模架，模具所有活动部分保证定位准确，动作可靠，不得有卡滞现象，固定零件紧固无松动。其模具工作过程：动、定模合模，熔融塑料经塑化、计量后通过注射机注入模具密封型腔内，经保压、冷却后，开模。开模时，动、定模具分开，即图 3-14 中 A—A 面分开，动、定模分开后，塑件及冷凝料都留在动模芯上，然后油缸带动齿条运动，齿条带动齿轮轴运动，通过大齿轮，再带动螺纹型芯边回转边向下运动，直到螺纹型芯完全退出螺纹塑件 I 后，油缸停止动作，油缸的运动通过行程开关的挡块来控制，最后用顶针和拉料杆把塑件和浇注系统的冷凝料从动模芯中顶出，这样就完成了一个注射周期。

3.3 二次顶出模具的结构设计

3.3.1 二次顶出模具概述

一般情况下，从模具中顶出塑件，无论是采用单一的或多元件的顶出机构，其顶出动作都是一次完成的。但是由于塑件的形状特殊或生产上自动化的需要，若在一次顶出动作完成后，塑件仍然难于从模具型腔中取出或不能自动脱落时，就需要再增加一次顶出动作才能将塑件顶出模外。对于薄壁深腔或形状复杂的塑件，有时为了避免一次顶出塑件受力过大，也采用二次顶出，以分散顶出力，保证塑件质量。这类顶出机构称为二次顶出机构或二级顶出机构。二次顶出机构通常是部分或全部脱出元件先共同初始脱出塑件，然后一部分脱出元件停住而另一部分元件继续脱出塑件，或者一部分元件继续脱出塑件，而另一部分元件则以更快的速度超前脱出塑件。

3.3.2 手机前壳的二次顶出模具的设计

3.3.2.1 塑件的成型工艺性分析

如图 3-23 所示，是一款手机前壳示意图，材料为 PC+ABS，缩水率为 5/1000，产品成型后不仅对产品尺寸要求高，而且还要求表面平整、光洁，无影响外观的缩水痕、熔接痕、缺料、飞边、裂纹和变形等工艺缺陷。从产品的结构上分析，塑件的外部有 4 处侧凹、四处侧孔（其中 1 处圆侧孔和 3 处方侧孔），内表面的 5 处倒扣，所以有侧凹和侧孔的部位要安排滑块侧抽芯机构脱模，有倒扣的部位要安排斜顶进行脱模，并要保证斜顶的强度足够；4 处小柱位孔要安排司筒针进行脱模，由于塑件中间有两处空腔，导致产品结

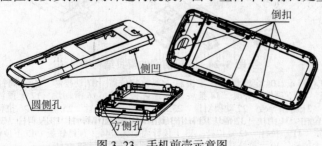

图 3-23 手机前壳示意图

构强度较小，为了避免脱模时顶出力过大，分散顶出力，特设计二次顶出机构；手机产品对外观要求较高，为了不影响产品外观，决定采用两处点浇口和潜伏式浇口组合进料的方式。

3.3.2.2 模具结构设计

（1）分型面的选择及排气槽设计。模具结构如图 3-24 所示，该模具结构采用一模一腔的三板式点浇口和潜伏式浇口组合结构，在考虑选择动、定模的分型方案时，经过分析，应以该塑件的最大轮廓处为动、定模的分型面，故选择手机前壳的底面为模具的动、定模分型面，如图 3-25 的 *A—A* 所示。

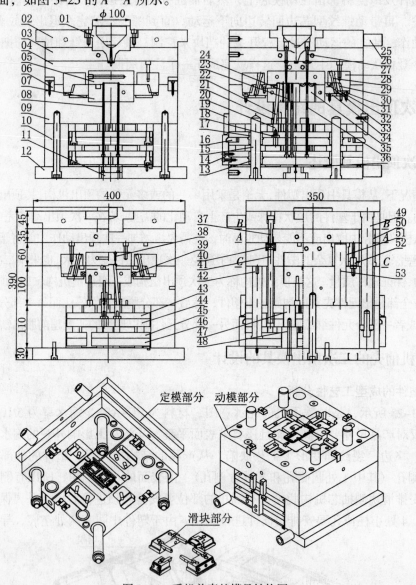

图 3-24 手机前壳的模具结构图

01.浇口套 02.顶板 03.剥料板 04.定模板 05.定模芯 06.方定位器 07.动模芯 08.司筒针 09.动模板 10.垫块 11.司筒针压板 12.底板 13.下顶针板导套 14.推块 15.顶针板导柱 16.滑动块 17.上顶针板导套 18.斜顶压板 19.释放块 20.斜顶导杆 21.斜顶导块 22.动模斜顶 23.顶针 24.动模镶针 25.模脚 26.拉料销 27.楔紧块 28.斜导柱 29.耐磨块 30.定位柱 31.滑块 32.滑块镶件 33.耐磨块 34.浇口镶件 35.拉料杆 36.垃圾钉 37.定距螺钉 38.定模镶针 39、40.弹簧 41.小拉杆 42.复位杆 43.上顶针固定板 44.上顶针底板 45.下顶针固定板 46.下顶针底板 47、48.支撑柱 49.大拉杆 50.大拉杆导套 51.导套 52.树脂开闭器 53.导柱

图 3-25　分型面的位置

排气槽主要设置在定模芯上，如图 3-26 所示，排气槽设置的位置选在熔融塑料体的外部四周，排气槽深度为 0.015mm，宽度为 4mm，封胶位长为 3.5mm；以防溢流，排气槽周围要开深 0.5mm、宽 4mm 的引气槽，外部的排气槽通过引气槽引空气到动、定模芯的外面。内部的排气槽深度为 0.015mm，宽度为 4mm，封胶位长为 3.5mm；以防溢流，排气槽周围要开深 0.5mm、宽 4mm 的引气槽，引气槽的中间开有一直径为 3mm 的引气孔，再通过定模芯反面的引气槽引空气到动、定模芯的外面，最后通过动、定模板上的引气槽进行排气。

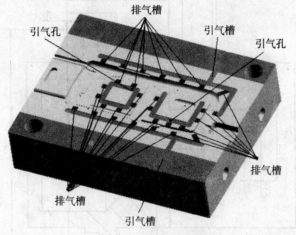

图 3-26　定模芯的排气槽设计

（2）浇注系统的设计。由于产品尺寸精度要求较高，产品外表面光滑，所以该模具采用一模一腔的三板模结构及潜伏式浇口浇注系统。通过运用 MoldFlow 软件进行流动分析，得出如图 3-27 所示的最佳的浇口数量和位置，以及合理的流道系统形状和排布位置，并

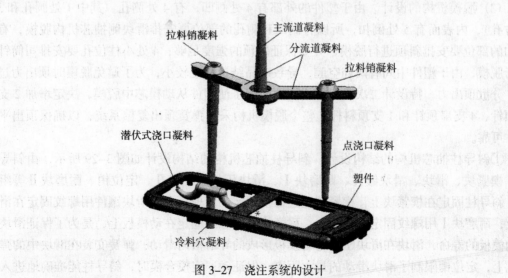

图 3-27　浇注系统的设计

对浇口尺寸、流道尺寸进行了优化。在主浇口和分流道的末端设有冷料穴，以防浇口被熔融塑料前锋面上的冷料堵塞。由于该模具是三板模，为了使凝料能顺利从主流道和分流道中脱离，将浇口套的流道设计成锥度为 4° 的锥形，浇口套小端直径为 3.5mm，其球面直径为 $SR20mm$，内表面粗糙度值为 $R_a0.4\mu m$，浇口套前部做一倒锥，锥角为 10°，其作用是把冷凝料拉在浇口套上，浇口套与剥料板接触的前部做成锥度配合的形式，锥角为 30°，其作用是剥料板与浇口套接触时便于导向，其结构尺寸图如图 3-28 所示；在顶板上设有两支拉料销，在定模板 04 和顶板 02 中间增加了一块剥料板 03。

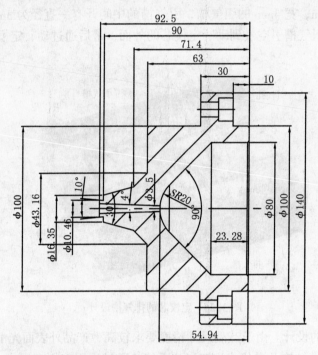

图 3-28　浇口套的结构尺寸图

（3）脱模机构的设计。由于塑件的外部有 4 处侧凹，有 4 处侧孔（其中 1 处圆孔和 3 处方孔），内表面有 5 处倒扣，所以有侧凹和侧孔的部位要安排滑块侧抽芯机构脱模，有倒扣的部位要安排斜顶进行脱模，并要保证斜顶的强度足够；4 处小柱位孔要安排司筒针进行脱模，由于塑件中间有两处空腔，导致产品结构强度较小，为了避免脱模时顶出力过大，分散顶出力，特设计二次顶出机构；同时为了使塑件从动模芯中脱模，决定增加 2 支圆顶针、4 支扁顶针和 1 支顶料杆，整个脱模机构采用弹簧顶出复位系统，以确保顶出平稳、可靠。

①斜导柱抽芯机构的结构设计。斜导柱抽芯机构的结构设计如图 3-29 所示，由斜导柱、楔紧块、滑块、滑块镶件、耐磨块Ⅰ、滑块压板、弹簧孔、定位销、耐磨块Ⅱ等组成。斜导柱固定在楔紧块上，楔紧块通过螺纹固定在定模板上，滑块镶件用螺纹固定在滑块上，耐磨块Ⅰ用螺纹固定在滑块上，耐磨块Ⅱ用螺纹固定在动模板上，是为了保证滑块和动模板的寿命，滑块在滑块压板与动模板形成的导滑槽内滑动；弹簧安装在滑块中的弹簧孔上，定位销限制了滑块滑动的最大距离，保证动、定模合模时，斜导柱能准确地进入

滑块的斜孔内。开模时，动、定模分开，斜导柱带动滑块在导滑块内向外滑动，滑块镶件从塑件中脱离。

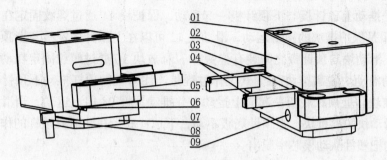

图 3-29 斜导柱抽芯结构图

01.斜导柱 02.楔紧块 03.滑块 04.滑块镶件 05.滑块压板
06.耐磨块Ⅰ 07.耐磨块Ⅱ 08.定位销 09.弹簧孔

②斜顶的结构设计。动模斜顶的结构设计如图 3-30 所示，由动模斜顶、斜顶导板、斜顶导杆和导杆压板等组成。动模斜顶在动模芯的斜孔内滑动，动模斜顶的材料是进口模具钢 8407，表面氮化，周边开有油槽；斜顶导板用螺纹固定在动模板上，斜顶导板的材料是锡青铜；斜顶导板给斜顶导杆起导向作用，在动模板上要有斜顶导杆运动的避空位，斜顶导杆与导杆压板用螺纹固定在一起，并安装在上顶针固定板上。当顶针底板向上运动时，推动斜顶导杆向上运动，向上运动中动模斜顶在导杆的 T 形导滑槽内移动，并推动斜顶沿动模芯内的斜孔运动，使动模斜顶从塑件中脱离。

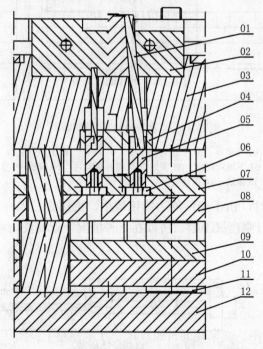

图 3-30 动模斜顶结构图

01.动模斜顶 02.动模芯 03.动模板 04.斜顶导板 05.斜顶导杆
06.导杆压板 07.上顶针固定板 08.上顶针底板 09.下顶针固定板
10.下顶针底板 11.垃圾钉 12.底板

③二次顶出的结构设计。二次顶出的结构设计如图 3-31 所示，由推块、保护块、滑动块、释放块和弹簧等组成。推块 13 通过螺纹联结在下顶针底板 07 和下顶针固定板 06 上，其作用是推动上顶针板与下顶针板一起运动，保护块 11 通过螺纹固定在上顶针底板 05 上，其作用是保护推块的正常运动，滑动块 12 可以在上顶针固定板与上顶针底板的导滑槽内运动，滑动块与顶针板之间装有弹簧 04，释放块 10 通过螺纹固定在动模板 02 上，其作用是推动滑动块脱离推块 13。其工作过程是当注射机的顶杆推动下顶针底板，下顶针底板带动推块和上顶针底板一起向上运动，并推动顶针 08 向上运动，当滑动块碰到释放块时，使滑动块脱离推块，上顶针底板不动，下顶针底板在注射机顶杆的作用下，使其他的顶出机构把塑件从动模芯中脱出。

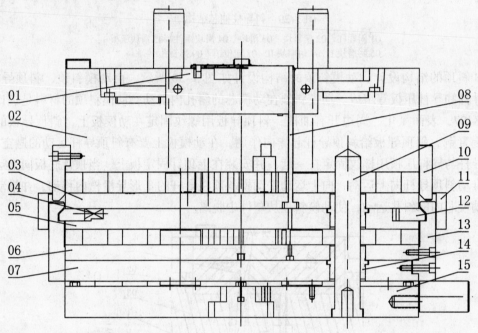

图 3-31　二次顶出机构的结构图

01.动模芯　02.动模板　03.上顶针固定板　04.弹簧　05.上顶针底板　06.下顶针固定板　07.下顶针底板　08.顶针　09.顶针板导柱　10.释放块　11.保护块12.滑动块　13.推块　14.顶针板导套　15.底板

④扁顶针的结构设计。由于塑件的边缘比较小，选用直径大一点的圆顶针位置不够，选用直径小一点的圆顶针强度又不够，所以在这种情况下就要使用扁顶针来顶出塑件，其结构如图 3-32 所示。

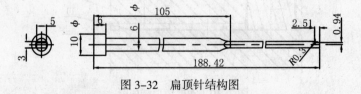

图 3-32　扁顶针结构图

⑤圆顶针的结构设计。圆顶针是顶出机构中最常用的部件，其结构如图 3-33 所示，圆顶针固定在顶针固定板上。

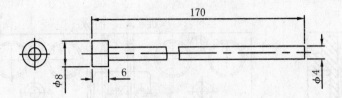

图 3-33 圆顶针的结构图

⑥司筒针的结构设计。由于塑件底部有小的螺纹孔，所以要采用司筒针结构，通孔的形状由司筒针的内针组成，司筒针的外管（司筒）起顶出塑件的作用，司筒针的外管固定在顶针固定板上，司筒针的内针固定在模具的底板上，其结构如图 3-34 所示。

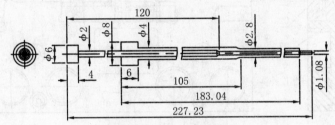

图 3-34 司筒针的结构图

（4）冷却系统的设计。该模具的冷却系统主要根据动、定模芯的结构特点以及模具元件的分布来布置水道。为了避免冷却水道与相关的模具元件发生干涉，而又不影响其冷却效果，决定在动模芯上设计 1 条一进一出的内循环式冷却水道，在动模镶件上也设计 1 条一进一出的内循环式冷却水道，为了防止漏水，在动模板上开设密封槽，采用 O 形密封圈进行密封，水管接头安装在动模板上，如图 3-35 所示；在定模芯上设计 1 条一进一出的内循环式冷却水道，为了防止漏水，在定模板上开设密封槽，采用 O 形密封圈进行密封，水管接头安装在定模板上，如图 3-36 所示。

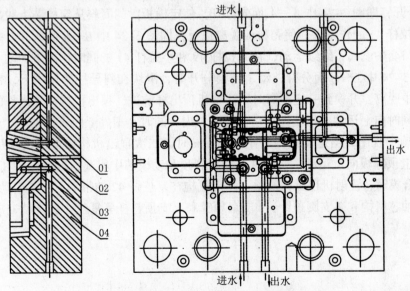

图 3-35 动模板上的冷却系统设计
01.动模芯 02.动模镶件 03.O 形密封圈 04.动模板

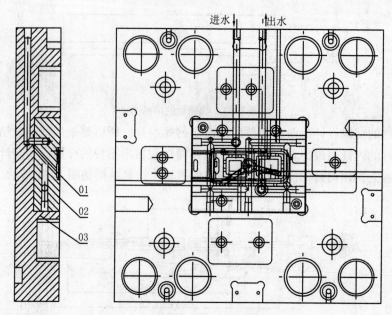

图 3-36　定模板上的冷却系统设计

01.O 形密封圈　02.定模芯　03.定模板

3.3.2.3　模具结构及工作过程

　　该模具属于三板模，模具最大外形尺寸为 400mm×350mm×380mm，顶出距离共为 34mm，第一次两组顶针板先一起顶出 19mm，下一组顶针板再单独顶出 15mm，模架采用龙记模架，模具所有活动部分保证定位准确，动作可靠，不得有卡滞现象，固定零件紧固无松动。其模具工作过程：动、定模合模，熔融塑料经塑化、计量后通过注射机注入模具密封型腔内，经保压、冷却后，开模。开模时，在弹簧 40 的作用下，使定模板 04 和剥料板 03 先分开，即图 3-24 中 A—A 面先分开，使定模板上的凝料从定模芯上脱离，继续开模，在小拉杆 41 的作用下，使剥料板脱离顶板，即图 3-24 中 B—B 面分开，把主流道的凝料从浇口套中剥离，继续运动，在大拉杆 49 和小拉杆 41 的同时作用下，动、定模具分开，即图 3-24 中 C—C 面分开，动、定模分开时，滑块在斜导柱的作用下，带动滑块镶件从塑件中脱离，开模到一定距离时，注射机顶出杆前进，顶出机构在顶出杆的作用下两组顶针板同时向上运动，将塑件从动模芯中顶出，同时，塑件上内表面的 5 个倒扣也从 5 个动模斜顶中脱出，当运动到顶出距离 19mm 时，二次顶出机构中的滑动块从推块中脱离，下一组顶针板向上运动，使塑件从动模斜顶和动模芯中脱离，取出塑件和流道凝料。动、定模合模时，注射机顶出杆回退，顶出机构在复位杆 42 的带动下将 5 个动模斜顶、4 个斜导柱抽芯机构和 2 支圆顶针、4 支扁顶针和 1 支顶料杆等复位，这样就完成了一个注射周期。

参考文献

[1] 塑料模具设计手册编写组. 塑料模具设计手册 [M]. 北京：机械工业出版社，1994.

[2] 陈万林. 塑料模具设计与制作教程 [M]. 北京：北京希望电子出版社，2001.

[3] 野火科技. 精通 AutoCAD 注塑模具结构设计 [M]. 北京：清华大学出版社，2008.

图书在版编目（CIP）数据

注塑模具设计实例详解 / 何文，朱淑君编著. —沈阳：
辽宁科学技术出版社，2009.10
ISBN 978-7-5381-6112-0

I. 注…　II. ①何…②朱…　III. 注塑－塑料模具－设计
IV. TQ320.66

中国版本图书馆 CIP 数据核字（2009）第 165610 号

出版发行：辽宁科学技术出版社
　　　　　（地址：沈阳市和平区十一纬路 29 号　邮编：110003）
印　刷　者：沈阳全成广告印务有限公司
经　销　者：各地新华书店
幅面尺寸：184mm×260mm
印　　张：11.5
字　　数：250 千字
印　　数：1～4000
出版时间：2009 年 10 月第 1 版
印刷时间：2009 年 10 月第 1 次印刷
责任编辑：秦丽娟
封面设计：康　健
版式设计：于　浪
责任校对：刘　庶

书　　号：ISBN 978-7-5381-6112-0
定　　价：25.00 元

联系电话：024-23284372
邮购热线：024-23284502
E-mail：lianlian123@sohu.com
http://www.lnkj.com.cn
本书网址：www.lnkj.cn/uri.sh/6112